21世纪工程管理学系列教材

工程建设监理

（第二版）

Construction Supervision

赖一飞　雷兵山　俞进萍　编著

武汉大学出版社

图书在版编目(CIP)数据

工程建设监理/赖一飞,雷兵山,俞进萍编著. —2 版. —武汉:武汉大学出版社,2013.10
21 世纪工程管理学系列教材
ISBN 978-7-307-09790-2

Ⅰ.工… Ⅱ.①赖… ②雷… ③俞… Ⅲ.建筑工程—施工监理—高等学校—教材 Ⅳ.TU712

中国版本图书馆 CIP 数据核字(2012)第 101483 号

责任编辑:范绪泉　　责任校对:黄添生　　版式设计:马　佳

出版发行:武汉大学出版社　(430072　武昌　珞珈山)
(电子邮件:cbs22@whu.edu.cn　网址:www.wdp.com.cn)
印刷:湖北金海印务有限公司
开本:787×1092　1/16　印张:12.25　字数:279 千字　插页:1
版次:2006 年 10 月第 1 版　　2013 年 10 月第 2 版
　　　2013 年 10 月第 2 版第 1 次印刷
ISBN 978-7-307-09790-2/TU·107　　定价:24.00 元

版权所有,不得翻印;凡购我社的图书,如有质量问题,请与当地图书销售部门联系调换。

序　言

教育部于1998年将工程管理专业列入教育部本科专业目录，全国已有一百余所大学设置了该专业。武汉大学商学院管理科学与工程系组织教师编写了这套"21世纪工程管理学系列教材"。这套教材参考了高等学校土建学科教学指导委员会工程管理专业指导委员会编制的工程管理专业本科教育培养目标和培养方案，以及该专业主干课程教学基本要求，并结合了教师们多年的教学和工程实践经验而编写。该系列教材系统性强，内容丰富，紧密联系工程管理事业的新发展，可供工程管理专业作为教材使用，也可供建造师和各类从事建设工程管理工作的工程技术人员参考。

工程管理专业设五个专业方向：
- 工程项目管理
- 房地产经营与管理
- 投资与造价管理
- 国际工程管理
- 物业管理

该系列教材包括工程管理专业的一些平台课程和一些方向课程的教学内容，如工程估价、工程造价管理、工程质量管理与系统控制、建设工程招投标及合同管理、国际工程承包以及房地产投资与管理等。

工程管理专业是一个新专业，其教材建设是一个长期的过程，祝愿武汉大学商学院管理科学与工程系教师们在教材建设过程中不断取得新的成绩，为工程管理专业的教学和工程管理事业的发展作出贡献。

英国皇家特许资深建造师
建设部高等院校工程管理专业评估委员会主任
建设部高等院校工程管理专业教育指导委员会副主任
建设部高等院校土建学科教育指导委员会委员
中国建筑学会工程管理分会理事长

序　言

　　工程管理是一门有较强的综合性和较大的专业覆盖面，正在蓬勃发展的边缘交叉性学科，也是一门实践性很强的专业。它是由原来的管理工程部分专业、国际工程管理专业、涉外建筑工程营造与管理专业、房地产经营管理部分专业归并而成的一个新专业。国家的经济建设和社会发展，尤其是不断出现的大型土木工程和水利水电工程，都离不开工程管理专业人才。如何完善该专业的学科结构，设置合理的教学内容，出版高质量的教材，培养国家建设所需的高级专业管理人才，是摆在每一个设置了该专业的高等学校面前的重大课题。

　　武汉大学是全国高校中较早设置工程管理专业的院校。商学院管理科学与工程系拥有一支在经济学、管理学和工程管理方面学术造诣深厚、知识结构合理（水利、水电、土木、电力、数学、经济、管理等专业），多年从事工程管理教学与研究，经验丰富的教授和具有博士学位的中青年教师队伍，拥有管理科学与工程一级学科博士点授予权。在长期的教学过程中他们不断进行教学改革和教学方法的创新，积累了大量经验和较多的前期研究成果。这次，他们在武汉大学出版社的支持与资助下，组织部分教师编写了这套工程管理专业系列教材。

　　这套教材具有系统性、前瞻性及实践性特点。它们不仅涵盖了工程管理方面的基本知识、基础理论与基本技能，而且介绍了当今工程管理学科研究的新进展。这套教材还非常重视理论联系实际，结合了行业的重大改革和国家颁布的最新规范，附有切合实际的案例分析，有助于读者把握工程管理的理论和掌握分析问题与解决问题的能力。这套丛书的问世，对于工程管理的教学研究和实践将会产生重大促进作用。

谭力文

第二版前言

本书讲述工程建设监理的主要理论与相关实务，主要内容包括工程建设监理概述、工程建设监理组织、工程建设监理规划、工程建设投资控制、工程建设进度控制、工程建设质量控制、工程建设合同管理、工程建设监理信息管理等。第二版的部分内容略作调整与修订，部分章节增加了案例。

作者在从事多年教学与研究的基础上，按照全国高等院校工程管理学科专业教学指导委员会对工程管理专业培养的要求，为高等院校工程管理专业本科生编写了该教材。

全书共分8章，其中，第一、二、三、五章由赖一飞编写，第四、六章由雷兵山编写，第七、八章由俞进萍编写。

本书为第二版，以工程建设项目为对象，以工程监理为主线，从监理者的角度，全面而系统地阐述了工程建设监理的理论与方法；吸收了国内工程建设监理的最新成果，密切联系工程实践，内容新颖，体系完整，具有较强的针对性、实用性和可操作性。本书不仅可作为高等院校工程管理专业的本科教材，也可作为从事相关领域研究的专业人士、研究人员的学习参考用书。

在编写过程中，得到了武汉大学教务部、出版社和经济与管理学院的大力支持，参阅了不少专家、学者论著和有关文献，数名研究生参与了部分文稿的打印、校对工作，在此谨向他们表示衷心的感谢！

由于工程建设监理在我国的研究与实践的时间不长，有许多问题需要进一步的探讨与实践，加之作者水平有限，书中难免有不当之处，敬请读者批评指正。

编 者

2013年9月于珞珈山

第一版前言

本书讲述工程建设监理的主要理论与相关实务。其内容包括工程建设监理总论、工程建设监理组织、工程建设监理规划、工程建设项目投资控制、工程建设进度控制、工程建设质量控制、工程建设合同管理、工程建设监理信息管理等。

作者在从事多年教学与研究的基础上，按照全国高等院校工程管理学科专业教学指导委员会对工程管理专业培养的要求，为高等院校工程管理专业本科生编写了该教材。

全书共分8章，其中，第一、二、三、五章由赖一飞编写，第四章由赖一飞、刘威编写，第六章由赖一飞、李立编写，第七、八章由俞进萍编写。

本书以工程建设项目为对象，以工程监理为主线，从监理者的角度，全面而系统地阐述了工程建设监理的理论与方法；吸收了国内工程建设监理的最新成果，密切联系工程实践，内容新颖，体系完整，具有较强的针对性、实用性和可操作性。本书不仅可作为高等院校工程管理专业的本科教材，也可作为从事相关领域研究的专业人士、研究人员的学习参考用书。

在编写过程中，得到了武汉大学教务部、出版社和经济与管理学院的大力支持，参阅了不少专家、学者论著和有关文献，数名研究生参与了部分文稿的打印、校对工作，在此谨向他们表示衷心的感谢！

由于工程建设监理在我国的研究与实践的时间不长，有许多问题需要进一步地探讨与实践，加之作者水平有限，书中难免有不当之处，敬请读者批评指正。

编　者

2006年9月于珞珈山

目 录

第一章　工程建设监理总论 ··· 1
　　第一节　工程建设监理概述 ·· 1
　　第二节　工程建设监理的产生与发展 ·································· 6
　　第三节　工程建设监理相关法律、法规 ································ 8
　　第四节　监理工程师与监理单位 ····································· 10
　　小结 ·· 20
　　思考题 ··· 20

第二章　工程建设监理组织 ··· 21
　　第一节　组织概述 ··· 21
　　第二节　工程建设监理组织形式 ····································· 27
　　第三节　监理组织的人员配备与职责分工 ···························· 31
　　第四节　工程建设监理组织的沟通 ·································· 36
　　小结 ·· 39
　　思考题 ··· 40

第三章　工程建设监理规划 ··· 41
　　第一节　工程建设监理规划概述 ····································· 41
　　第二节　工程建设监理规划的编写 ·································· 42
　　第三节　工程建设监理规划的内容 ·································· 46
　　小结 ·· 54
　　思考题 ··· 55

第四章　工程建设项目投资控制 ·· 56
　　第一节　工程建设项目投资控制概述 ································ 56
　　第二节　工程设计阶段的投资控制 ·································· 60
　　第三节　工程建设招投标阶段的投资控制 ·························· 65
　　第四节　工程建设施工阶段的投资控制 ···························· 69
　　第五节　工程建设项目竣工决算 ···································· 74
　　小结 ·· 78

思考题 ·· 78

第五章　工程建设进度控制 ·· 79
　第一节　工程建设进度控制的基本概念 ··· 79
　第二节　工程设计阶段的进度控制 ·· 81
　第三节　工程施工进度计划控制的工作内容 ·· 83
　第四节　施工进度计划实施过程中的检查与监督 ····································· 86
　第五节　施工进度计划实施过程中的调整方法 ··· 92
　小结 ·· 94
   思考题 ·· 94

第六章　工程建设质量控制 ·· 95
　第一节　工程质量控制概述 ··· 95
　第二节　设计阶段的质量控制 ··· 98
　第三节　施工阶段的质量控制 ·· 102
　第四节　设备采购与制造安装的质量控制 ·· 107
　第五节　工程质量评定与竣工验收 ·· 112
　第六节　工程质量事故处理 ··· 116
　小结 ·· 120
   思考题 ··· 120

第七章　工程建设合同管理 ·· 121
　第一节　工程建设监理合同基本概念 ··· 121
　第二节　工程建设勘察、设计合同管理 ··· 125
　第三节　工程建设施工合同管理 ·· 130
　第四节　工程建设委托监理合同管理 ··· 148
　第五节　施工索赔管理 ·· 154
　小结 ·· 161
   思考题 ··· 161

第八章　工程建设监理信息管理 ··· 163
　第一节　建设监理信息管理概述 ·· 163
　第二节　建设监理信息管理 ··· 167
　第三节　建设监理信息系统 ··· 172
　第四节　建设监理文档资料管理 ·· 175
　小结 ·· 180
   思考题 ··· 180

参考文献 ··· 181

第一章 工程建设监理总论

本章介绍了监理的概念，工程建设监理的概念、性质及其产生和发展，阐述了工程建设监理的中心任务和相关法律、法规；着重分析了监理工程师与监理单位的概念，提出了监理工程师的素质要求，监理企业的资质等级和业务范围。最后，探讨了监理费用的构成与计算方法。

第一节 工程建设监理概述

建设监理制是工程项目的一种管理体制，即由依法取得资质和经营执照的监理单位，受建设单位（业主）的委托，以工程项目活动为对象，以国家有关法律、法规、规章、技术标准和设计文件以及工程合同为依据，对工程项目建设进行组织和管理。

一、工程建设监理的基本概念

（一）监理

"监理"一词可以理解为名词，也可指一项具体行动。其英文相应的名词是 supervision，动词为 supervise。在现代汉语中，这是一个外来词，监理是"监"与"理"的组合词，"监"是对某种预定的行为从旁边观察或进行检查，使其不得逾越行为准则，也就是监督的意思；"理"是对一些相互协作和相互交错的行动进行协调，以理顺人们的行为和权益的关系。因此，"监理"一词可以解释为：有关执行者根据一定的行为准则，对某些行为进行监督管理，使这些行为符合准则要求，并协助行为主体实现其行为目的。

在实施监理活动的过程中，监理活动需要具备的基本条件是：
1. 明确的监理"执行者"，也就是必须有监理的组织；
2. 明确的行为"准则"，也就是监理的工作依据；
3. 明确的被监理的"对象"，也就是被监理的行为和行为主体；
4. 明确的监理目的和行之有效的监理思想、理论、方法和手段。

（二）工程建设监理

工程建设监理就是工程建设监理单位接受业主的委托和授权，根据国家批准的工程建设项目文件和有关法规与技术标准，综合运用法律、经济、行政和技术手段，对工程建设参与者的行为和他们的责、权、利，进行必要的协调与约束，制止随意性和盲目性，确保建设行为的合法性、科学性和经济性，保证建设工程项目目标的最优实现。它包括六方面的内涵。

1. 工程建设监理是针对工程建设项目所实施的一种监督管理活动。工程建设的对象就是工程建设项目，包括新建、改建和扩建的各种工程建设项目，工程建设监理活动都是围绕工程建设项目来进行的。监理单位与建设单位、设计单位、施工单位、材料设备供应单位等一样，都是以工程建设项目作为行为载体及行为对象的，并且以此来界定工程建设监理范围。

这里所说的工程建设项目就是指一项固定资产投资项目，即将一定量（限额以上）的投资，在一定的约束条件下（时间、资源、质量），按照一个科学的程序，经过决策（设想、建议、研究、评估、决策）和实施（勘察、设计、施工、竣工、验收、动用），最终形成固定资产的一次性建设任务。工程建设监理主要是针对工程建设项目的要求开展的。工程建设监理是直接为工程建设项目提供管理服务的行业，是工程建设项目管理服务的主体。

2. 工程建设监理的行为主体是监理单位。工程建设监理的行为主体是明确的，即监理单位。只有监理单位才能按照独立、自主的原则，以"公正的第三方"的身份开展工程建设监理活动。非监理单位进行的监督活动不能称为工程建设监理。

即使是作为管理主体的建设单位，它所进行的对工程建设项目的监督管理，也非工程建设监理，而只能称为自行管理。历史经验证明，就整个工程项目建设而言，建设单位的自行管理对于提高项目投资的效益和建设水平也是无益的。

3. 工程建设监理的实施需要建设单位的委托和授权。工程建设监理是市场经济发展的必然产物。当建设单位在进行一项新的投资时，它就会委托和授权监理单位进行可行性研究，制定投资决策；项目确立后，又需要委托和授权监理单位组织招标活动，从事项目管理和合同管理工作。这样建设单位与监理单位这种委托和被委托、授权和被授权的关系就确立了，并且从建设单位的委托和授权起，监理单位就开始对这一建设项目实施工程建设监理的各项活动。这种受建设单位委托授权而进行的监理活动，同政府对工程建设所进行的行政性监督管理是完全不同的，并且这种委托和授权的方式也说明，监理单位及监理人员的权力主要是由作为管理主体的建设单位授权而转移过来的，而工程项目建设的主要决策权和相应风险仍由建设单位承担。

4. 工程建设监理是有明确依据的工程建设行为。工程建设监理是严格按照有关法律、法规和其他有关准则实施的。工程建设监理的依据是国家批准的工程项目建设文件，有关工程建设的法律和法规以及直接产生于本工程建设项目的工程建设监理合同和其他工程合同，并以此为准绳来进行监督、管理及评价。

5. 工程建设监理在现阶段主要发生在实施阶段。现阶段，我国工程建设监理主要发生在工程建设的实施阶段，即设计阶段、招标阶段、施工阶段以及竣工验收和保修阶段。也就是说，监理单位在与建设单位建立起委托与被委托、授权与被授权的关系后，还必须要有被监理方，需要与在项目实施阶段出现的设计、施工和材料设备供应等承包单位建立起监理与被监理的关系。这样监理单位才能实施有效的监理活动，才能协助建设单位在预定的投资、进度、质量目标内完成建设项目。

6. 工程建设监理是微观性质的监督管理活动。工程建设监理是针对一个具体的工程项目展开的，并且要深入到工程建设的各项投资活动和生产活动中进行监督管理，它在注重具体工程项目的实际效益的前提下，应维护社会公众利益和国家利益。所以，它与政府进行的行政性监督、管理活动是有明显区别的。工程建设监理体制关系如图1-1所示。

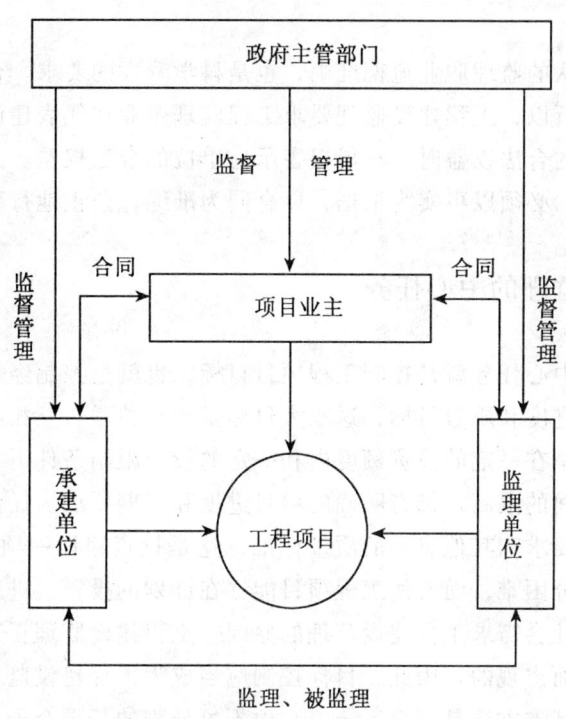

图1-1 工程建设监理体制关系图

二、工程建设监理的性质

（一）服务性

工程建设监理的服务性是由监理的业务性质决定的。按照工程建设监理的定义，工程建设监理实际上是工程监理企业为建设单位提供专业化服务——项目管理服务，即代表建设单位进行项目管理，协助建设单位在计划的目标内将工程建设项目顺利建成并投入使用。工程建设监理的服务性，决定了工程监理企业并不是取代建设单位进行建设管理活动，而仅是为建设单位提供专业化服务。因此，工程监理企业不具有工程建设重大问题的决策权，而只是在委托与授权范围内代表建设单位进行项目管理。

（二）科学性

科学性是由工程建设监理制的基本目的决定的。建设单位委托监理的目的就是通过工程监理企业代表其进行科学管理从而实现项目目标。因此，作为工程监理企业，只有通过科学的思想、方法和手段，才能完成其工作。

（三）独立性

独立性是由工程建设监理的工作特点所决定的。虽然工程监理企业是代表建设单位来进行项目管理，但是工程监理企业只有根据科学管理的要求，独立地作出判断和进行工作才能够将科学管理落在实处。如果不能做到这一点，处处按照建设单位的指挥行事，也就失去了这种引入专家管理的意义。因此，独立性成为一项国际惯例。

（四）公正性

公正性是社会公认的监理职业道德准则，也是科学管理的要求。合同只有双方都认真履行才能顺利完成，所以，工程建设监理要求工程监理企业在代表建设单位进行项目管理时，在维护建设单位的合法权益时，不得损害承建单位的合法权益。尤其是在处理建设单位与承建单位争议时，必须以事实为根据，以合同为准绳，公正地行事。

三、工程建设监理的中心任务

工程建设监理的中心任务就是控制工程项目目标，也就是控制经过科学地规划所确定的工程项目的投资、进度和质量目标，这三大目标是相互关联、互相制约的目标系统。

任何工程项目都是在一定的投资额度内和一定的投资限制条件下实现的。任何工程项目的实现都要受到时间的限制，都有明确的项目进度和工期要求。任何工程项目要实现它的功能要求、使用要求和其他有关的质量标准，这是投资建设一项工程最基本的需求。实现建设项目并不十分困难，而要使工程项目能够在计划的投资、进度和质量目标内实现则是困难的，这就是社会需求工程建设监理的原因。工程建设监理正是为解决这样的困难和满足这种社会需求而出现的。因此，目标控制应当成为工程建设监理的中心任务。

工程建设监理的基本方法是一个系统，它由不可分割的若干个子系统组成，它们相互联系，互相支持，共同运行，形成一个完整的方法体系。这就是目标规划、动态控制、组织协调、信息管理、合同管理，这些工作都是围绕确保项目控制目标的实现而开展进行的。

（一）目标规划

目标规划是指以实现目标控制为目的的规划和计划，其工作包括：将工程项目的投资、进度和质量标准进行分解，建立一个满足控制要求的目标系统，其实这是一个建立控制标准的过程；编制目标实施计划，要考虑计划实施时干扰因素的存在，制定确保目标实现的综合措施，使计划具有一定的"弹性"；进行风险分析，制定风险管理措施。

工程项目目标规划的过程是一个由粗到细的过程。它随着工程的进程，分阶段地根据可能获得的工程信息对前一阶段的规划进行细化、补充、修改和完善。

（二）动态控制

所谓动态控制，就是在完成工程项目的过程当中，通过对过程、目标和活动的跟踪，全面、及时、准确地掌握工程建设信息，将实际目标值和工程建设状况与计划目标和状况进行对比，如果偏离了计划和标准的要求，就采取措施加以纠正，以便达到计划总目标的实现。这是一个不断循环的过程，直到项目建成交付使用。

动态控制是在目标规划的基础上针对各级分目标实施的控制，控制工作贯穿于工程项目的整个监理过程,是开展工程建设监理活动时采用的基本方法。

(三) 信息管理

监理工程师在开展监理工作时需要不断预测或发现问题,要不断地进行规划、决策、执行和检查,而做好这些工作都离不开相应的信息。监理工程师对所需要的信息进行收集、整理、处理、存储、应用等一系列工作,称为信息管理。项目监理组织的各部门为完成各项监理任务需要哪些信息,完全取决于这些部门实际工作的需要。

控制与多方面因素发生联系。诸如设计变更、计划改变、进度报告、费用报告、变更通知等通过信息传递将它们与控制部门联系起来。监理的控制部门必须随时掌握项目实施过程中的反馈信息,以便在必要时采取纠正措施。

监理工程师进行信息管理的基础工作是设计一个以监理为中心的信息流结构;确定信息目录和编码;建立信息管理制度以及会议制度等。

(四) 合同管理

监理单位在工程建设监理过程中的合同管理,主要是根据监理合同的要求对工程承包合同的签订、履行、变更和解除进行监督、检查,对合同双方争议进行调解和处理,以保证合同的依法签订和全面履行。

合同管理对于监理单位完成监理任务是非常重要的。根据国外经验,合同管理产生的经济效益往往大于技术优化所产生的经济效益。一项工程合同,应当对参与建设项目的各方建设行为起到控制作用,同时具体指导一项工程如何操作完成。所以,从这个意义上讲,合同管理起着控制整个项目实施的作用。

(五) 组织协调

组织协调是指监理单位在监理过程中,对相关单位的协作关系进行协调,使相互之间加强合作、减少矛盾、避免纠纷,共同完成项目目标。组织协调包括项目监理组织内部人与人、机构与机构之间的协调;项目监理组织与外部环境组织之间的协调主要是与项目业主、设计单位、施工单位、材料和设备供应单位,以及与政府有关部门、社会团体、咨询单位、科学研究机构、工程毗邻单位之间的协调。

在实现工程项目的过程中,监理工程师要不断进行组织协调,它是实现项目目标不可缺少的方法和手段。

四、工程建设监理的作用

(一) 有利于提高建设工程投资决策科学化水平

工程监理企业参与项目投资决策,通过提供专业化的高智能服务,直接从事工程咨询工作,可为建设单位提供科学的建设方案和有价值的建议;也可以协助建设单位选择更为适当的工程咨询机构,监督工程咨询合同的实施,并对项目建议书、可行性研究报告等咨询结果进行评估。这样可使项目投资更加符合市场需求,有利于提高项目投资决策的科学化水平,避免项目投资决策失误,也为实现建设工程投资综合效益最大化打下良好的基础。

（二）有利于规范工程建设参与各方的建设行为

在建设工程实施过程中，推行工程建设监理制，能对工程建设参与各方的建设行为进行约束，使其符合法律、法规、规章和市场准则。由于在建筑市场中，一方面，工程监理企业作为公正的"第三方"，可依据委托监理合同和有关的建设工程合同对承建单位的建设行为进行有效的监督管理，最大限度地避免不当建设行为的发生，即使出现不当建设行为，也可以及时加以制止，最大限度地减少其不良后果。另一方面，工程监理企业接受业主的授权和委托，具有服务性的性质，向建设单位提出适当的建议，从而避免建设单位因对工程建设有关的法律、法规、规章、管理程序和市场行为准则缺少了解而发生不当建设行为，起到一定的约束作用。当然，工程监理企业应当首先规范自身的行为，并接受政府的监督管理。

（三）有利于促使承建单位保证工程建设质量和使用安全

工程建设产品不仅价值大、使用寿命长，而且还关系到人民的生命财产安全、健康和环境。工程监理单位是由既懂工程技术又懂经济管理的专业监理工程师组成的企业，因此，在工程实施过程中引入建设监理，可及时发现工程建设实施过程中出现的问题和工程材料、设备以及阶段产品存在的问题，从而避免留下工程质量隐患，对保证工程建设质量和使用安全有着重要作用。

（四）有利于实现工程建设投资效益最大化

在工程建设的前期决策阶段引入建设监理制。工程监理企业接受业主的委托与授权，充分发挥其优势，利用其专业化、高智能的技术服务达到实现工程投资效益最大化的目标：在满足工程建设预定功能和质量标准的前提下，建设投资额最少；或者在满足工程建设预定功能和质量标准的前提下，工程建设寿命周期费用（或全寿命费用）最少；或者工程建设本身的投资效益与环境、社会效益的综合效益最大化。这可以大大地提高我国全社会的投资效益，促进我国国民经济的健康持续发展。

第二节　工程建设监理的产生与发展

一、国外工程建设监理的产生与发展

工程建设监理的产生和发展，是随着建设领域社会化的发展和专业化分工而产生和发展的，也是商品经济发展的结果。表1-1基本反映了工程项目建设监理的发展过程。

16世纪以前的欧洲，建筑师就是总营造师，受雇于业主，集设计、采购工程材料、雇用工匠、组织施工等工作于一身。16世纪以后，形成了设计和施工分离的第一次分工。正是这种设计与施工的分离，业主对监理的需求便逐渐形成。一部分富有经验的建筑师转向社会传授技艺，为业主提供技术咨询，或受聘监督管理施工，但其业务范围还仅限于施工过程的质量监督，并替业主计算工程量和验方。这时，设计和施工仍属于业主，项目建设属自营自管模式。

18世纪60年代的欧洲，随着产业革命的兴起，带来了建筑行业的空前繁荣。由于工程建设的高质量要求，专业化工作方式的出现，引发了设计、施工与业主的分离。它们均以"独立者"的姿态出现在建筑市场上，这是建筑业中第二次分工的形成，从而诱发业主对设计和施工进行有效监督和强化管理的强烈需求。

19世纪初，建设领域的商品经济关系日趋复杂。为明确业主、设计、施工三者的责任界限，英国政府于1830年以法律手段推出了总包合同制，要求每个建设项目由一个承包商进行总包。总包制度的实行导致了招标投标交易方式的出现，也促进了工程监理制度的发展。工程监理的业务范围也得到进一步扩充，其主要任务已扩充为帮助业主计算标底，协助招标，在实施阶段控制工程费用、进度和质量，进行合同管理以及项目的组织协调等。

从20世纪60年代开始，随着科学技术的进步和人民生活水平的不断提高，许多规模大、投资多、技术复杂、风险大的工程相继建设和开发，迫使业主更加重视工程项目建设的科学管理。监理的业务范围进一步地拓宽，使其由项目实施阶段的工程监理向前延伸到决策阶段的咨询服务。监理工程师的工作就逐步贯穿于工程建设的全过程。

国际上，监理制度逐步成为工程建设组织体系的一个重要组成部分，并形成了业主、承包商和监理单位三足鼎立的基本格局。建设监理制成为工程建设必循的制度之一。在国外，建设监理一般称为工程咨询。英国、美国分别于1903年、1910年成立了咨询工程师协会，其他发达国家也相继成立了类似组织或开始实施这一制度。建设监理制已发展成为国际工程建设领域的惯例。世界银行、亚洲开发银行、非洲开发银行等国际金融机构都把实行建设监理制作为提供建设贷款的条件之一。

表1-1　　　　　　　　　工程建设监理模式发展情况

年代	工程建设监理模式发展
16世纪	总营造师受雇于业主，集设计、采购、施工及管理于一身
16～18世纪60年代	设计与施工分离，但仍是受雇于业主，设计者帮助业主管理
18世纪60年代	设计者、施工者开始以独立身份开展经营活动，设计者帮助业主管理
19～20世纪初	设计、施工专业化分工程度提高，实行总承包方式，由承包者帮助业主管理
20世纪初	出现工程建设监理（咨询单位），专门受业主委托，管理工程项目
20世纪60年代后	建设监理制成为国际惯例

二、国内工程建设监理的产生和发展

（一）单向行政监督和施工单位的自我监督

从中华人民共和国成立到20世纪70年代末。在这一期间，我国实行的是高度集中的计划经济体制。在工程建设的具体实施中,工程建设参与者关注的重点是工程进度和质量。为了保证进度,采用兵团式的人海战术,对工程质量的保证主要依靠施工单位的自我监督。

20世纪70年代末,为了改变屡受冲击的工程质量状况,国家有关部门颁发了《关于保证基本建设工程质量的若干规定》,明确要求设计单位把好设计质量关;对施工单位要求实行监理技术岗位责任制,建立健全质量检查机构;要求各省、市、自治区定期开展工程质量大检查,引进政府监督工程质量的机制,借以保证工程质量。

(二) 政府部门的专业质量监督与企业自检相结合

20世纪80年代以后,随着我国改革开放的进行,工程建设活动发生了一系列重大的变化,这些变化使得原有的工程建设管理方式和体制模式越来越不适应发展的要求,迫切需要建立严格的外部监督机制,形成企业内部保证和外部监督认证的双控体制。1983年我国开始实行工程质量监督制度。1984年9月国务院颁发《关于改革建筑业和基本建设管理体制若干问题的暂行规定》,规定中明确提出了改变工程质量监督制度,建立有权威的工程质量监督机构。各省、市、自治区的有关部门也相应地建立了工程质量监督站,经过几年的努力,政府对工程质量的监督工作取得了很大的发展,带来了明显的成效。

(三) 工程监理制度的产生与发展

随着改革的不断深化和社会主义市场经济的发展,20世纪80年代中后期出现了工程监理制度。最早应用这一制度的是利用世界银行贷款的鲁布革水电站引水工程。1988年上半年,随着我国土木建筑行业管理体制的深化改革和按照国际惯例组织工程建设的需要,国务院作出了在土木建筑领域中实施工程监理的决定。建设部于1988年7月25日发布了《关于开展建设监理试点工作的若干意见》,决定在北京、天津、上海、南京、沈阳、哈尔滨、宁波、深圳八个城市和能源、交通、水电和公路系统开展建设监理工作试点。建设监理制度在我国从此确立,而我国推行的建设监理,就是国际上通行的由项目管理公司或咨询公司代理业主进行的项目管理。1989年7月28日,建设部颁布了《建设监理试行规定》,使建设监理制度在我国的推行有了法规可依。1990年9月,建设部发布了《关于加强建设监理培训工作的意见》。1992年6月,建设部发布了《监理工程师资格考试和注册试行办法》。建设部、原国家计委于1995年12月颁布了新的《工程建设监理规定》。1997年《中华人民共和国建筑法》(下称《建筑法》) 以法律制度的形式作出规定,规定国家推行工程建设监理制度,从而使工程建设监理在全国范围内进入全面推行阶段。

第三节 工程建设监理相关法律、法规

一、我国工程建设监理的相关法律、法规

工程建设监理是一项法律活动,而与之相关的法律法规的内容是十分丰富的,它不仅包括相关法律,还包括相关的行政法规、行政规章、地方性法规等。从其内容看,它不仅

对监理单位和监理工程师资质管理有全面的规定，而且对监理活动、委托监理合同、政府对工程建设监理的行政管理等都做了明确规定。

《建筑法》是我国工程建设监理活动的基本法律，它对工程建设监理的性质、目的、适用范围等都做出了明确的原则规定，与此相应的还有国务院批准颁发的《建设工程质量管理条例》、《国务院办公厅关于加强基础设施施工质量管理的通知》、建设部颁发的《工程建设监理规定》。

关于建设工程监理单位及监理工程师的规定，有《工程建设监理单位资质管理试行办法》、《监理工程师资格考试和注册试行办法》、《关于发布工程建设监理费有关规定的通知》等。

关于建设工程施工合同及委托监理合同的规定，有《建设工程施工合同》示范文本，其主要内容有协议书、通用条款和专用条款等；《建设工程委托监理合同》示范文本，其主要内容有建设工程委托监理合同、标准条件以及专用条件等。

其他方面的法律，如合同法、招标投标法、建设工程技术标准或操作规程以及民法通则中的相关法律规范和内容，都是建设工程监理法律制度的重要组成部分。

二、与建设工程监理有关的建设工程法律、法规、规章

（一）法律
1. 中华人民共和国建筑法
2. 中华人民共和国合同法
3. 中华人民共和国招标投标法
4. 中华人民共和国土地管理法
5. 中华人民共和国城市规划法
6. 中华人民共和国城市房地产管理法
7. 中华人民共和国环境保护法
8. 中华人民共和国环境影响评价法

（二）行政法规
1. 建设工程质量管理条例
2. 建设工程勘察设计管理条例
3. 中华人民共和国土地管理法实施条例

（三）部门规章
1. 工程监理企业资质管理规定
2. 建设工程勘察设计管理条例
3. 建设工程监理范围和规模标准规定
4. 建设工程设计招标管理办法
5. 房屋建筑和市政基础设施工程施工招标投标管理办法
6. 评标委员会和评标方法暂行规定
7. 建设工程施工发包与承包计价管理办法

8. 建设工程施工许可管理办法
9. 实施工程建设强制性标准监督规定
10. 房屋建筑工程质量保修办法
11. 房屋建筑工程和市政基础设施工程竣工验收备案暂行办法
12. 建设工程施工现场管理规定
13. 建筑安全生产管理条例
14. 工程建设大事故报告和调查程序规定
15. 城市建设档案管理规定

监理工程师应当了解和熟悉我国建设工程法律法规规章体系，并熟悉和掌握其中与监理工作关系比较密切的法律法规规章，依法进行监理和规范自己的工程监理行为。

第四节 监理工程师与监理单位

工程建设监理是一种高智能的技术服务活动，监理单位能否提供高水平的监理服务，主要取决于其是否拥有高水平的监理人员，尤其是高水平、高素质、道德好、经验丰富的监理工程师。

一、监理工程师的概念

监理工程师是一种岗位职务。所谓监理工程师是指在工程建设监理工作岗位上工作，并经全国统一考试合格，又经政府注册的监理人员。它包含三层含义：第一，他是从事工程建设监理工作的人员；第二，已取得国家确认的《监理工程师资格证书》；第三，经省、自治区、直辖市建委（建设厅）或国务院工业、交通等部门的建设主管单位核准、注册，取得《监理工程师岗位证书》。

从事工程建设监理工作，但尚未取得《监理工程师岗位证书》的人员统称为监理员。在工作中，监理员与监理工程师的区别主要在于监理工程师具有相应岗位责任的签字权。监理员没有相应岗位责任的签字权。

关于监理人员的称谓，不同国家的叫法不尽相同，有的按资质等级把监理人员分为四类：

1. 凡取得监理岗位资质的人员统称为监理工程师；
2. 根据工作岗位的需要，聘任资深的监理工程师为主任监理工程师；
3. 根据工作岗位的需要，可聘资深的主任监理工程师为工程项目的总监理工程师（简称总监）或副总监理工程师（简称副总监）；
4. 不具备监理工程师资格的其他监理人员称为监理员。

主任监理工程师、总监理工程师等都是临时聘任的工程建设项目上的岗位职务，就是说，一旦没有被聘用，他就没有总监理工程师或主任监理工程师的头衔，只有监理工程师的称谓。

监理单位的职责是受工程建设项目业主的委托对工程建设进行监督和管理。具体从事监理工作的监理人员，不仅要有较强的专业技术能力和较高的政策水平，能够对工程建设进行监督管理，提出指导性的意见，而且要能够组织、协调与工程建设有关的各方共同完成工程建设任务。就是说，监理人员既要具备一定的工程技术或工程经济方面的专业知识，还要有一定的组织协调能力。就专业知识而言，既要精通某一专业，又要具备一定水平的其他专业知识。所以说监理人员，尤其是监理工程师是一种复合型人才。对这种高智能人才素质的要求，主要体现在以下几个方面。

（一）具有较高的学历和多学科专业知识

现代工程建设，工艺越来越先进，材料、设备越来越新颖，而且规模大、应用技术门类多，需要组织多专业、多工种人员，形成分工协作的群体。即使是规模不大、工艺简单的工程项目，为了优质、高效地搞好工程建设，也需要具有较深厚的现代科技理论知识、经济管理理论知识和一定的法律知识的人员进行组织管理。如果工程建设单位委托监理，监理工程师不仅要担负一般的组织管理工作，而且要指导参加工程建设的各方搞好工作。所以，监理工程师不具备上述理论知识就难以胜任监理岗位的工作。

要胜任监理工作的需要，监理工程师就应当具有较高的学历和学识水平。在国外，监理工程师都具有大学学历，而且大都具有硕士甚至是博士学位。根据监理工作的需要，参照国外对监理人员学历、学识的要求，我国的监理工程师也应具备大专以上（含大专院校毕业）的学历。

工程建设涉及的学科很多，其中主要学科就有几十种。作为一名监理工程师，不可能学习和掌握这么多的专业理论知识，但是，起码应学习、掌握几种专业理论知识。没有专业理论知识的人员决不能充任监理工程师。监理工程师还应力求了解或掌握更多的专业学科知识。无论监理工程师已掌握哪一门专业技术知识，都必须学习、掌握一定的工程建设经济、法律和组织管理等方面的理论知识，从而做到一专多能，成为工程建设中的复合型人才，使监理单位真正成为智力密集型的知识群体。

（二）要有丰富的工程建设实践经验

工程建设实践经验就是理论知识在工程建设中的应用的经验。一般来说，一个人在工程建设中工作的时间越长，经验就越丰富。反之，经验则不足。不少人研究指出，工程建设中出现失误，往往与经验不足有关。当然，若不从实际出发，单凭以往的经验，也难以取得预期的成效，因此世界各国都很重视工程建设的实践。在考核某一个单位，或某一个人的能力大小时，都把实践经验作为重要的衡量尺度。

要求监理工程师具有丰富的实践经验，是指监理工程师要在工程建设的某一方面具有丰富的实践经验，若在两个或更多的方面有丰富的实践经验更好。当然，人的一生工作年限有限，能在工程建设的某一两个方面工作多年，取得较丰富的经验已是很不容易的事，不可能在许多方面都有丰富的实践经验。因此，我国在考核监理工程师的资格中，对其在工程建设实践中最少工作年限作了相应的规定，即取得中级技术职称后还要有3年的工作实践，方可参加监理工程师的资格考试。

（三）要有良好的品德

监理工程师的良好品德主要体现在以下几个方面：

1. 热爱社会主义祖国、热爱人民、热爱建设事业；
2. 具有科学的工作态度；
3. 具有廉洁奉公、为人正直、办事公道的高尚情操；
4. 能听取不同意见，而且有良好的包容性。

（四）要有健康的体魄和充沛的精力

尽管建设工程监理是一种高智能的技术服务，以脑力劳动为主，但是，也必须具有健康的身体和充沛的精力，才能胜任繁忙、严谨的监理工作。工程建设施工阶段，由于露天作业，工作条件艰苦，往往工期紧迫、业务繁忙，更需要有健康的身体，否则，难以胜任工作。一般来说，年满65周岁就不宜再在监理单位承担监理工作。所以，年满65周岁的监理工程师就不再注册。

二、监理工程师的职业道德与纪律

工程建设监理是建设领域里一项重要的工作。为了确保建设监理事业的健康发展，对监理工程师的职业道德和工作纪律都有严格的要求，在有关法规里也作了具体的规定。

关于监理工程师职业道德守则和工作纪律如下：

（一）职业道德守则
1. 维护国家的荣誉和利益，按照"守法、诚信、公正、科学"的准则执业。
2. 执行有关工程建设法律、法规、规范、标准和制度，履行监理合同规定的义务和职责。
3. 努力学习专业技术和建设监理知识，不断提高业务能力和监理水平。
4. 不以个人名义承揽监理业务。
5. 不同时在两个或两个以上监理单位注册和从事监理活动，不在政府部门和施工、材料设备的生产供应等单位兼职。
6. 不为所监理项目指定承建商、建筑构配件、设备、材料和施工方法。
7. 不收受被监理单位的任何礼金。
8. 不泄露所监理工程各方认为需要保密的事项。
9. 坚持独立自主地开展工作。

（二）工作纪律
1. 遵守国家的法律和政府的有关条例、规定和办法等。
2. 认真履行工程建设监理合同所承诺的义务和承担约定的责任。
3. 坚持公正的立场，公平地处理有关各方的争议。
4. 坚持科学的态度和实事求是的原则。
5. 在坚持按监理合同的规定向业主提供技术服务的同时，帮助被监理者完成其担负的建设任务。
6. 不以个人的名义在报刊上刊登承揽监理业务的广告。
7. 不得损害他人名誉。
8. 不泄露所监理的工程需保密的事项。

9. 不在任何承建商或材料设备供应商中兼职。

10. 不擅自接受业主额外的津贴，也不接受被监理单位的任何津贴，不接受可能导致判断不公的报酬。

监理工程师违背职业道德或违反工作纪律，由政府执法部门没收其非法所得，收缴其《监理工程师岗位证书》，并可处以罚款。监理单位还要根据企业内部的规章制度给予处罚。

国际咨询工程师联合会（FIDIC）于1991年在慕尼黑召开的全体成员大会上，讨论批准了FIDIC通用道德准则。该准则分别从对社会和职业的责任、能力、正直性、公正性、对他人的公正5个类别计14个方面规定了监理工程师的道德行为准则。目前，国际咨询工程师协会的会员国家都认真地执行这一准则。

三、监理工程师执业资格考试

（一）报考监理工程师的条件

我国根据对监理工程师业务素质和能力的要求，对参加监理工程师执业资格考试的报名条件也从两方面作出了限制：一是要具有一定的专业学历；二是要具有一定年限的工程建设实践经验。

（二）考试内容

监理工程师的业务主要是控制建设工程的质量、投资、进度，监督管理建设工程合同，协调工程建设各方的关系，所以，监理工程师执业资格考试的内容主要是建设工程监理基本理论、工程质量控制、工程进度控制、工程投资控制、建设工程合同管理和涉及工程监理的相关法律法规等方面的理论知识和实务技能。

（三）考试方式和管理

监理工程师执业资格考试是一种水平考试，是对考生掌握监理理论和监理实务技能的抽检。考试实行全国统一考试大纲、统一命题、统一组织、统一时间、闭卷考试、分科计分、统一录取标准的办法，一般每年举行一次。

对考试合格人员，由省、自治区、直辖市人民政府人事行政主管部门颁发，由国务院人事行政主管部门统一印制，国务院人事行政主管部门和建设行政主管部门共同用印的《监理工程师执业资格证书》。取得执业资格证书并经注册后，即成为监理工程师。

四、工程监理企业

（一）基本概念

工程监理企业是指取得工程监理企业资质证书，从事工程监理业务的经济组织。它是监理工程师的执业机构。它包括专门从事监理业务的独立的监理公司，也包括取得监理资质的设计单位。

按照我国公司法的规定，我国的工程监理企业有可能存在的企业组织形式包括：公司制监理企业、合伙制监理企业、个人独资监理企业、中外合资经营监理企业和中外合作经营监理企业。

在我国，由于在工程监理制实行之初，许多工程监理企业是由国有企业或教学、科研、勘察设计单位按照传统的国有企业模式设立的，普遍存在产权不明晰，管理体制不健全，分配制度不合理等一系列阻碍监理企业和监理行业发展的特点。因此，这些企业正逐步进行公司制改制，建立现代企业制度，使监理企业真正成为自主经营、自负盈亏的法人实体和市场主体。合伙制监理企业和个人独资监理企业由于相应的一些配套环境并不健全，因此，在现实中还没有这两种企业形式。中外合资经营监理企业通常由中国企业或其他经济组织为一方，以外国的公司、企业、其他经济组织或个人为另一方，成立公司制企业，组织形式为有限责任公司，并且外国合资者的投资比例一般不得低于25%。

中外合作经营监理企业是中国企业或其他经济组织与外国的企业、其他经济组织或个人按合同约定的权利义务，从事工程监理业务的经济实体。它可以是法人型企业，也可以是不独立具有法人资格的合伙企业，但需对外承担连带责任。

（二）公司制监理企业

公司制监理企业是指以盈利为目的，按照法定程序设立的企业法人。包括监理有限责任公司和监理股份有限公司两种，其基本特征是：

（1）必须是依照《中华人民共和国公司法》的规定设立的社会经济组织。

（2）必须是以营利为目的的独立企业法人。

（3）自负盈亏，独立承担民事责任。

（4）是完整纳税的经济实体。

（5）采用规范的成本会计和财务会计制度。

1. 监理有限责任公司

它是由2个以上，50个以下的股东共同出资，股东以其所认缴的出资额对公司行为承担有限责任，公司以其全部资产对其债务承担责任的企业法人。其特征如下：

（1）公司不对外发行股票，股东的出资额由股东协商确定。

（2）股东交付股金后，公司出具股权证书，作为股东在公司中拥有的权益凭证。这种凭证不同于股票，不能自由流通，必须在其他股东同意的条件下才能转让，且要优先转让给公司原有股东。

（3）公司股东所负责任仅以其出资额为限，即把股东投入公司的财产与其个人的其他财产脱钩，公司破产或解散时，只以公司所有的资产偿还债务。

（4）公司具有法人地位。

（5）在公司名称中必须注明有限责任公司字样。

（6）公司股东可以作为雇员参与公司经营管理，通常公司管理者也是公司的所有者。

（7）公司账目可以不公开，尤其是公司的资产负债表一般不公开。

2. 监理股份有限公司

它是指全部资本由等额股份构成，并通过发行股票筹集资本，股东以其所认购股份对公司承担责任，公司以其全部资产对公司债务承担责任的企业法人。设立方式分为发起设立和募集设立两种。发起设立是指由发起人认购公司应发行的全部股份而设立公司。募集设立是指由发起人认购公司应发行股份的一部分，其余部分向社会公开募集而设立公司。

其主要特征如下：

（1）公司资本总额分为金额相等的股份。股东以其所认购的股份对公司承担有限责任。

（2）公司以其全部资产对公司债务承担责任。公司作为独立的法人，有自己独立的财产，公司在对外经营业务时，以其独立的财产承担公司债务。

（3）公司可以公开向社会发行股票。

（4）公司股东的数量有最低限制，应当有5个以上发起人，其中必须有过半数的发起人在中国境内有住所。

（5）股东以其所有的股份享受权利和承担义务。

（6）在公司名称中必须标明股份有限公司字样。

（7）公司账目必须公开，便于股东全面掌握公司情况。

（8）公司管理实行两权分离。董事会接受股东大会委托，监督公司财产的保值增值，行使公司财产所有者的职权；经理由董事会聘任，掌握公司经营权。

当按照公司法成立公司，向工商行政管理部门登记注册并取得企业法人营业执照后，还必须到建设行政主管部门办理资质申请手续。取得资质证书后，工程建设监理企业才能正式从事监理业务。

（三）工程监理企业的资质等级和业务范围

工程监理企业的资质是企业技术能力、管理水平、业务经验、经营规模、社会信誉等综合性实力指标。通过对其资质的审核与批准，就可以从制度上保证工程监理行业的从业企业的业务能力和清偿债务的能力。因此，对工程监理企业实行资质管理的制度是我国政府实行市场准入控制的有效手段。工程监理企业按照所拥有的注册资本、专业技术人员数量和工程监理业绩等资质条件申请资质，经建设行政主管部门的审查批准，取得相应的资质证书后，才能在其资质等级许可的范围内从事工程监理活动。

工程监理企业资质管理的内容，主要包括对工程监理企业的设立、定级、升级、降级、变更和终止等的资质审查或批准及资质年检工作。工程监理企业在分立或合并时，要按照新设立工程监理企业的要求重新审查其资质等级并核定其业务范围，颁发新核定的资质证书。工程监理企业因破产、倒闭、撤消、歇业的，应当将资质证书交回原发证机关予以注销。

工程监理企业的资质等级分为甲级、乙级和丙级，并按照工程性质和技术特点划分为房屋建筑工程、冶炼工程、矿山工程、化工与石油工程、水利水电工程、电力工程、林业及生态工程、铁路工程、公路工程、港口与航道工程、航天航空工程、通信工程、市政公用工程、机电安装工程十四个工程类别。每个工程类别又按照工程规模或技术复杂程度将其分为一、二、三等。

工程监理企业的资质包括主项资质和增项资质。工程监理企业如果申请多项专业工程资质，则必须将其主要从事的一项作为主项资质，其余的为增项资质。同时，其注册资本应当达到主项资质标准要求，从事增项专业工程监理业务的注册监理工程师人数应当符合专业要求。并且，增项资质级别不得高于主项资质级别。

1. 甲级资质监理企业

其资质等级标准如下：

（1）企业负责人和技术负责人应当具有 15 年以上从事工程建设工作的经历，企业技术负责人应当取得监理工程师注册证书。

（2）取得监理工程师注册证书的人员不少于 25 人。

（3）注册资本不少于 100 万元。

（4）近 3 年内监理过 5 个以上二等房屋建筑工程项目或者 3 个以上二等专业工程项目。其业务范围是在全国范围内承揽经核定的工程类别中的一、二、三等工程。

2. 乙级资质监理企业

其资质等级标准如下：

（1）企业负责人和技术负责人应当具有 10 年以上从事工程建设工作的经历，企业技术负责人应当取得监理工程师注册证书。

（2）取得监理工程师注册证书的人员不少于 15 人。

（3）注册资本不少于 50 万元。

（4）近 3 年内监理过 5 个以上三等房屋建筑工程项目或者 3 个以上三等专业工程项目。其业务范围是在全国范围内承揽经核定的工程类别中的二、三等工程。

3. 丙级资质监理企业

其资质等级标准如下：

（1）企业负责人和技术负责人应当具有 8 年以上从事工程建设工作的经历，企业技术负责人应当取得监理工程师注册证书。

（2）取得监理工程师注册证书的人员不少于 5 人。

（3）注册资本不少于 10 万元。

（4）承担过 2 个以上房屋建筑工程项目或者 1 个以上专业工程项目。

其业务范围是在合同范围内经核定的工程类别中的三等工程。

（四）工程监理企业的经营活动基本准则

工程监理企业从事建设工程监理活动时，应当遵循"守法、诚信、公正、科学"的基本执业准则。

1. 守法

它是指工程监理企业遵守国家的法律法规方面的各项规定，即依法经营。具体表现为：

（1）工程监理企业只能在核定的业务范围内开展经营活动。核定的业务范围是指经工程监理资质管理部门在资质证书核定的主项资质和增项资质的业务范围，包括工程类别和工程等级两个方面。

（2）合法使用《资质等级证书》。工程监理企业不得伪造、涂改、出租、出借、转让和出卖《资质等级证书》。

（3）依法履行监理合同。只要签订了监理合同，工程监理企业就应当按照建设工程监理合同的约定，认真履行监理合同，不得无故或故意违背自己的承诺。

（4）依法接受监督管理。工程监理企业开展监理活动时，应当执行国家或地方的监理法规，并自觉接受政府有关部门的监督管理。如果工程监理企业离开原住所地承接监理业务，要自觉遵守当地人民政府的监理法规和有关规定，主动向监理工程所在地的省、自治区和直辖市人民政府建设行政主管部门备案登记，接受其指导和监督管理。

（5）遵守国家的法律、法规。工程监理企业既然是依法成立的企业，就要遵守国家关于企业法人的其他法律、法规的规定。

2. 诚信

诚信即诚实守信用。诚信才能树立企业的信誉，而信誉是企业的无形资产，良好的信用可以为企业带来巨大的效益。对于监理企业来说，诚信就要加强企业的信用管理，提高企业的信用水平。因此，工程监理企业应当建立健全企业的信用管理制度。其内容包括：

（1）建立健全合同管理制度，严格履行监理合同。

（2）建立健全与业主的合作制度，及时进行信息沟通，增强相互间的信任感。

（3）建立健全监理服务需求调查制度，只有这样才能使企业避免选择项目不当，而造成自身信用风险。

（4）建立企业内部信用管理责任制度，及时检查和评估企业信用的实施情况，不断提高企业信用管理水平。

3. 公正

它是指工程监理企业在进行监理活动中，既要维护其委托人——建设单位的利益，又不能损害承包商的合法利益，必须以合同为准绳，公正地处理建设单位和承包商之间的争议。要想做到这一点，首先要以公正作为其出发点，同时，还要有能力做到公正。因此，必须做到以下几点：

（1）要具有良好的职业道德，谨记公正的原则。

（2）要坚持实事求是，讲究用证据说话。

（3）要熟悉有关建设工程合同条款，提高依据合同做出判断的能力，只有这样才能做到公正。

（4）要做到公正，必须能够判别出怎样做才是"公正"，这就要求监理工程师提高专业技术能力，提高判断技术问题的能力。

（5）在实际中，往往各个事件相互影响，不能够一目了然地看出问题所在，必须进行综合分析与判断，这就要求监理工程师提高综合分析和判断问题的能力，能够从错综复杂的问题中找出答案。

4. 科学

它是指工程监理企业必须依据科学的方案，运用科学的手段，采取科学的方法开展监理工作，因为工程监理企业提供的就是科学管理服务。实行科学管理主要体现在：

（1）科学的方案主要是指工程监理正式开展之前就要编制科学的监理规划，并且在监理规划的控制之下，分专业再制定监理实施细则，通过科学的规划监理工作，使各项监理活动均纳入计划管理轨道。

（2）科学的手段是指工程监理企业在开展工程监理活动时，通常借助于计算机辅助监理和先进的科学仪器来进行，如各种检测、试验、化验仪器和摄录像设备。

（3）科学的方法是指工程监理人员在监理活动中，必须采用科学的方法来进行。如采用网络计划技术进行进度控制，采用各种质量控制方法进行质量控制，采用各种投资控制方法进行投资控制。

（五）工程监理费用

工程监理费用是指建设单位依据委托监理合同支付给监理企业的监理酬金。它构成概（预）算的一部分，在工程概（预）算中单独列支。建设工程监理费由监理直接成本、监理间接成本、税金和利润四部分构成。

1. 直接成本

它是指监理企业履行委托监理合同时所发生的成本。主要包括：

（1）监理人员和监理辅助人员的工资、奖金、津贴、补助、附加工资等。

（2）用于监理工作的常规检测工器具、计算机等办公设施的购置费和其他仪器、机械的租赁费。

（3）用于监理人员和辅助人员的其他专项开支，包括办公费、通信费、差旅费、书报费、文印费、会议费、医疗费、劳保费、保险费、休假探亲费等。

（4）其他费用。

2. 间接成本

它是指全部业务经营开支及非工程监理的特定开支。主要包括：

（1）管理人员、行政人员以及后勤人员的工资、奖金、补助和津贴。

（2）经营性业务开支，包括为招揽监理业务而发生的广告费、宣传费、有关合同的公证费等。

（3）办公费，包括办公用品、报刊、会议、文印、上下班交通费等。

（4）公用设施使用费，包括办公使用的水、电、气、环卫、保安等费用。

（5）业务培训费，图书、资料购置费。

（6）附加费，包括劳保统筹、医疗统筹、福利基金、工会经费、人身保险、住房公积金、特殊补助等。

（7）其他费用。

3. 税金

它是指按照国家规定，工程监理企业应缴纳的各种税金总额，如营业税、所得税、印花税等。

4. 利润

它是指工程监理企业的监理活动收入扣除直接成本、间接成本和各种税金后的余额。

（六）监理费用的计算方法

监理费用的计算方法，一般是由业主和监理单位协商确定。建设监理制度经过了较长的发展过程，监理取费的办法逐步形成了较固定的方法，常用的有：

1. 按时计算费用法

这种方法是根据合同项目直接使用的时间（计算单位可以是小时、工作日或月）补偿费再加上一定补贴来决定监理费用的多少。单位时间的费用一般以监理单位职员的基本工资为基础，再考虑一定的管理费和利润，增加一定系数来确定。采用这种方法，监理人员的差旅费、函电费、资料费以及试验费等，一般也由委托方支付。

2. 工资加一定比例的其他费用

这种办法实际上是按时计酬计算方式的变相形式。以业主支付直接参加项目监理的工作人员的实际工资加上一个百分比，该百分比实际上包括了间接成本和利润。

这两种方法的优点是比较公平，业主支付费用，监理单位收取实际消耗在合同服务上的时间的补偿。用这种方式，监理单位不必对成本预先做出精确的估算，因此对监理单位来说显得方便、灵活。但是，采用这种方法，要求监理单位必须保存详细的使用时间一览表，以供业主随时审查、核实，特别是监理工程师如果不能严格地对工作加以控制，就容易造成滥用经费，而且业主也可能会怀疑监理工程师的努力程度或使用了过多的时间。

3. 建设成本百分比的计费方式

这种方法是按照工程规模大小和所委托的工作内容繁简，再以建设成本的一定比例来确定监理报酬。一般的情况是，工程规模越大，建设成本越多，监理取费的比例越小。

这种方法有利之处在于一旦建设成本确定之后，监理费用可以很容易地算出来。监理单位对各项经费开支可以不需要那么详细的记录，业主也不用去审核监理单位的成本。这种方法还有一个好处就是可以防止因物价上涨而产生的影响，因为建设成本的增加与监理服务成本的增加基本是同向的。采用这种方法主要的不足是：第一，如果采用实际工程成本作基数，取费直接与建设成本的变化有关。因此，监理工程师工作越出色，降低建设成本的同时也减少了自己的收入，反之，则有可能增加收入，这显然是不合理的。第二，采用这种办法，带有一定的主观性和经验性，并不能把影响监理工作费用的所有因素都考虑进去。

采用这种办法的关键问题是如何确定项目建设成本。通常可以用估算的工程费用作为计费基础，也可以按实际工程费用作计费基础，但是应当在合同中加以明确，如果是采用按实际工程费计提费用，那么要注意避免因为监理工程师提出合理化建议、修改设计使工程费用降低，从而导致监理报酬降低的情况发生。按照国外的惯例，在商签合同时，应适当规定明确的费用奖罚措施，即规定如果由于监理工程师的出色工作，为业主节约了较大的投资，业主应视情况对监理工程师给予适当的补偿。

4. 成本加固定费用

采用这种办法时，监理费由成本和固定费用决定。成本的内容变化很大，由多项费用组成，包括直接成本和间接成本；固定费用主要包括监理单位的利润，收入所得税，投资所得的利润，风险经营的补偿以及不包括在成本中的其他工资、管理和消耗的费用。附加固定费用的数量，是在成本项目确定以后，由双方洽谈确定。

该办法的有利之处在于：第一，监理单位在谈判阶段可以先不估算成本，只有在对附加的固定费用进行谈判时，才必须做出适当的估算，可以减少工作量。第二，这种做法弹性较大，监理单位的成本实际消耗，包括物价因素均可能得到补偿。第三，附加的固定费一经确定，一般不受建设工期的延长、服务范围的变化等因素的影响，只有在出现重大问题时，才有可能重新对附加固定费用进行谈判。这种方法的不利之处在于，在谈判上可能会出现对于某些成本项目是否应该得到补偿存在分歧，所以附加固定费的谈判常常是很困难的，如果因为工作范围或计划进程发生变化而引起对附加固定费的重新谈判，则困难更大。

5. 固定价格

这种方法特别适用于小型或中等规模的工程项目。当监理单位在承接一项能够明确规定服务内容的业务时，经常采用这种方法。这种方法又可分为两种计算形式，一是确定工作内容后，以一笔总价一揽子包死，工作量有所增减，一般也不调整报酬。二是按确定的工作内容分别确定不同工程项目的价格，据以计算报酬总额，当工作量有变动时，可分别计算增减项目的价格，调整报酬总额。

这种方法比较简单，一旦谈判成约，双方都很清楚费用总额，支付方式也简单，建设单位可以不要求提供支付记录和证明。但是，这种方法却要求监理单位在事前要对成本作出认真的估算，如果工期较长，还应考虑物价的因素。采用这种方法，如果工作范围发生了变化，或者是工期延长了，都需要重新进行谈判。这种方法容易导致双方对于实际从事的服务范围，缺乏相互一致而清楚的理解，有时会引起双方之间关系紧张。

小　　结

实行建设监理，已经成为我国的一项重要制度。监理单位作为市场主体之一，对规范建筑市场的交易行为，充分发挥投资效益，以及发展建筑业的生产能力等具有巨大的作用。我国推行建设监理的工作已经走过了试点阶段，进入稳步发展阶段；在制度化、规范化和科学化方面不断向前推行，并向国际监理水准迈进。本章主要内容包括监理的概念、工程建设监理的概念、性质及其产生和发展；工程建设监理的中心任务和相关法律、法规；监理工程师与监理单位的概念，监理工程师的素质，监理企业的资质等级和业务范围；监理费用的构成与计算方法。

思　考　题

1. 如何理解工程建设项目监理的性质？
2. 工程建设监理的中心任务是什么？
3. 工程建设监理是如何产生与发展的？
4. 如何理解监理工程师的素质？
5. 按资质等级把监理人员划分为几类？
6. 如何理解监理企业资质等级和业务范围？
7. 工程监理企业的经营活动基本准则是什么？
8. 监理服务费用要素是如何构成的？计算监理服务费用的常用方法有哪些？

第二章 工程建设监理组织

本章阐述了组织的基本概念、组织结构的性质，分析了组织结构设计的原则；探讨了监理组织的基本形式，监理单位内部工作关系，监理组织的人员配备，各类监理人员的基本职责；最后，提出了现场监理工程师应注意的问题。

第一节 组织概述

一、组织

从人类社会组织的共性出发，把人类社会组织定义为：组织是人们为了一定目标的实现而进行合理的组织和协调，并具有一定边界的社会实体。

二、组织结构

组织结构就是组织内部各个有机组成要素相互作用的联系方式或形式，亦可称为组织的各要素相互联结的框架。它是组织根据其目标、规模、技术、环境和权力分配而采用的各种组织管理形式的统称。从具体分析和研究的角度来看，组织结构应包括三个核心内容：即组织结构的复杂性（Complexity）、规范性（Formalization）和其集权与分权性（Centralization & Decentralization）。

（一）组织结构的复杂性

组织结构中的复杂性是指组织结构内各要素之间的差异性（Differentiation），它包括组织内的专业分工程度，垂直领导的层级数以及各部门地区分布情况等。具体地讲，它又包括横向差异性（Horizontal Differentiation）、纵向差异性（Vertical Differentiation）和空间分布差异性（Spatial Differentiation）。

1. 横向性差异

组织结构的横向性差异是一个组织成员之间受教育和培训的程度、专业方向和技能以及工作的性质和任务等方面的差异程度，及由此而产生的组织内部部门与部门之间或单位与单位之间的差异程度。组织成员间的上述差异以及组织活动的复杂性必然会导致或影响到组织内专业化和部门机构的设置。因此，我们可以说，组织结构中横向的差异性又最明显地体现在组织中的专业化和部门化方面。

2. 纵向性差异

组织结构中的纵向性差异是指组织结构中纵向垂直管理层的层级数及其层级之间的差异程度。决定组织结构层级数大小的重要因素是管理人员的管理幅度。所谓管理幅度（Span of Control），是指一个管理者所能直接有效地指导、监督或控制其下属的人员数。管理者的有效的管理幅度的大小取决于这样几个因素：

（1）能力因素，如管理者本人的能力强，则其管理幅度可以大一些；如管理者的下属人员的能力较强，管理者的管理幅度也可大一些，反之则小。

（2）下属人员的集中与分散程度，如下属人员越是分散，其管理幅度就越小，反之则可大一些。

（3）工作标准化的程度。下属工作的综合标准化程度高，管理者就可采用宽一些的管理幅度。

（4）工作的性质和类别。管理者下属的工作相同或相类似性大，其管理幅度就可大一些；如管理者管辖的工作需要解决的新问题类型多，频率又高，则其管理幅度就应小一些。

（5）管理者和下属人员的倾向性，如管理者倾向于对下属人员进行严格的监督、控制和管理，而下属人员也有这个要求的话，其管理幅度则应小一些，反之则可大一些。有的组织倾向于采用扩大管理幅度、减少纵向管理层级数的方式，构成"平坦"或"扁平"式的组织结构；有的则采用缩小管理幅度、增加纵向管理层级数的方式，形成"高耸"式或"垂直"式的组织结构。这两种方式各有优缺点：

①采用"平坦"式组织结构，可减少管理人员，纵向管理层次少，信息沟通就比较迅速和准确；但对下级的监督、控制和管理就会相对复杂，同时，因为管理层次少，下级受提升的机会也减少。

②采用"高耸"式的组织结构，则形成了紧密的管理层级，每一级管理层都可以把自己的下级置于自己严密的监督、控制和管理之下，管理层级多，下级提升的机会也多。但是，由于管理层级多，指令或信息沟通的渠道就长，信息失真的可能性就大，沟通和协调也就比较困难，管理人员数亦增加。因此，从理论上讲，一个组织纵向管理层次的增加，会使组织结构的纵向复杂性程度提高。

3. 空间分布差异性

空间分布差异性是指一个组织的管理机构及其人员在地区分布上形成的差异程度。

（二）组织结构的规范性

组织结构的规范性是指组织中各项工作的标准化程度（Degree of Standardization）。具体来说，就是有关指导和限制组织成员行为和活动的方针政策、规章制度、工作过程标准化程度等。在一个高度规范化的组织中，方针政策具体而清楚，规章制度严密，对每一工作程序都有严格而详细的说明，职工一切都按规章程序办，本身没有多大的自由选择余地；而规范化程度较低的组织，职工在工作中就有较大的自由度，他们的行为也就不那么规范化、程序化了。

一般而言，一些技能简单而又重复性的工作具有较高的规范程度；反之，其规范性程度就较低。

在一个组织中，其规范性不但随着技术和专业工作的不同而产生差异，亦随着其管理层次的高低和职能的分工而有所差别。组织中的高级管理层人员的日常工作的重复性较少，并且所需解决的问题较复杂，因此，其工作的规范性程度就较低；相反，低级管理层人员日常工作的重复性较多，因此，其规范程度就较高。我们从中可以知道，管理垂直的层级数与其规范程度成反比，即管理层数越高，其规范性程度越低。同时，在一个组织中也会因其职能的不同而产生规范程度的不同。

在组织结构中对人的活动和行为实行一定程度的规范性可以提高组织的效益，这是因为实行标准化，可以减少许多不确定的因素。另外，标准化也可以提高组织工作的协调性。

（三）组织结构的集权与分权性

组织结构的集权与分权是指在组织中的决策权集中在组织结构中某一点上的程度与差异。高度集权即决策权高度集中于高级管理层中；低度集权即意味着决策权分散在组织各管理层，乃至低层的个体职工本身。因此，低度集权又被称为分权。

1. 集权制的优点

（1）有助于加强组织的统一领导，提高管理工作效率；

（2）有利于协调组织的各项活动；

（3）有助于增加领导者的责任感，充分发挥领导者的聪明才智和工作能力；

（4）有利于减少管理人员，使领导机构精干，减少管理费用开支。

集权制适用于中小规模的组织，而不适用于规模巨大、经营管理复杂的大型组织。

2. 集权制的缺点

（1）有效的管理幅度原则决定了领导者的直接控制面的大小，组织规模大就必须增加管理层次，从而延长了纵向组织下达指令和信息沟通的时间，信息失真的可能性就大；

（2）若决策权主要集中于领导层，就会增加基层的依赖性，而不利于调动基层的积极性和创造性；

（3）难以培养出熟悉全面业务的管理领导人员；

（4）使领导层精力过多地用于日常业务，而难以专心致志于重大和长远的战略问题方面。

3. 分权制的优点

（1）可使领导者的直接控制面扩大，减少管理的层次，使最高层与基层之间的信息沟通更为直接、准确；

（2）有利于基层管理者根据情况的变化作出迅速而准确的反应，作出许多次要的决策并采取行动；

（3）分权政策还通过允许基层人员参与决策而达到激励他们的作用，尤其是随着科学技术的发展，专家和技术人员对组织发展的影响越来越大，而允许专家和技术人员参与决策，将会有利于激励他们的工作积极性；

（4）有利于减轻高层领导者的负担，使他们有更多的精力致力于组织的战略等重大问题；

(5) 有利于基层领导者发挥才干，从而培养一支精干的管理队伍。

4. 分权制的缺点

(1) 容易使组织的决策缺乏全局性、统一性；

(2) 当分权单位过于独立时，不利于发挥整个组织的能力和作用，不利于整个组织最高利益的提高。

(四) 复杂性、规范性和集权性三者的关系

1. 复杂性和规范性

专业分工与规范性的关系是明显的，当员工从事许许多多简单而又重复的极为具体的工作任务时，大量的规章制度决定了他们的行为，他们的工作是标准化的，因而是规范性高的；另外，复杂性程度高也可导致低的规范化程度，例如由于专业技术人员的专业方向不同而引起了部门划分与设置，但对这些高学历和高技术的专业人员不需要也不可能用很多的规章制度来控制他们的行为和活动。

2. 集权性与复杂性

这两者的关系成反比，高复杂性总是与低集权即分权相伴随。

3. 集权性与规范性

当一个组织内的成员大多不是专家、技术人员时，管理往往会用较多的规章制度和决策的集中来对组织进行管理和控制，即高度的规范性和集权性；如果组织内的成员是专家、技术型的话，专家、技术人员既希望参与影响他们工作的决策，又不希望有较多的规章制度来约束他们，这时产生的是低规范性和低集权的组织结构，但如果专家、技术人员的兴趣仅是在他们的专业、技术工作方面，而不在战略性的决策方面，这时又会产生低规范性和高度集权。

三、组织结构设计的原则

人类社会的组织，如企业组织有多种多样的组织结构形式，随着经济、社会和管理科学的发展，将会产生新的组织结构形式。但不论采取何种形式，在进行组织结构设计时一般应遵循以下原则。

(一) 目的性原则

组织机构作为一种管理手段，其设置的根本目的，在于确保项目目标的实现。从这一根本目标出发，组织机构设置应该根据目标而设事（任务），因事而设机构和划分层次，因事设人和定岗定责任，因责而授权，权责明确，权责统一，关系清楚。

如图2-1所示的工程项目管理机构设置的流程反映了上述逻辑关系。

(二) 分工协作原则

分工与协作是社会化大生产的客观要求。组织设计中要坚持分工与协作的原则，就是要做到分工要合理，协作要明确。对于每个部分和每个职工的工作内容、工作范围、相互关系、协作方法等，都应有明确规定。

(三) 命令统一原则

命令统一原则的实质，就是在管理工作中实行统一领导，建立起严格的责任制，消除

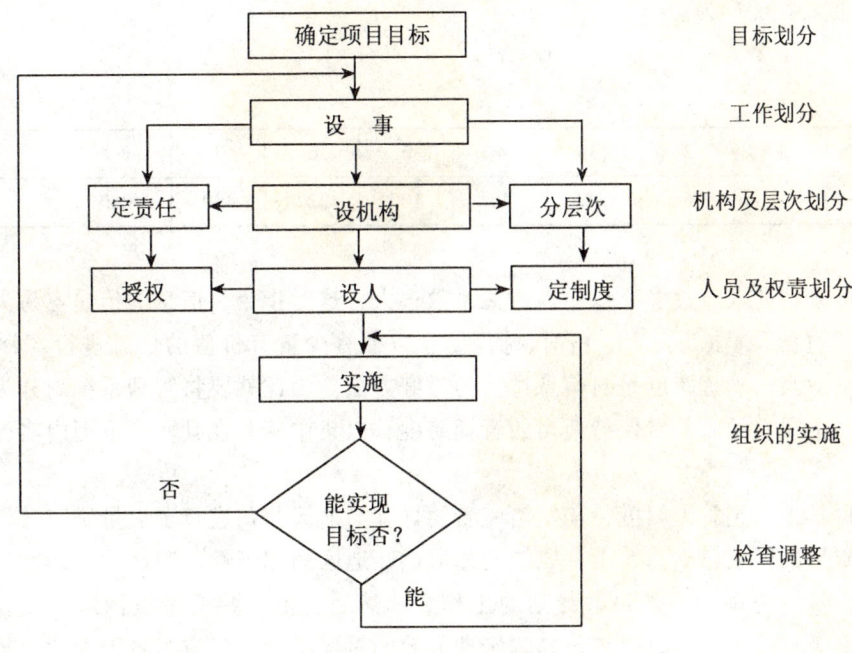

图 2-1 组织机构设置流程图

多头领导和无人负责现象，保证全部活动的有效领导和正常进行。命令统一原则对管理组织的建立具有下列要求：

1. 在确定管理层次时，要使上下级之间形成一条等级链。从最高层到最低层的等级链必须是连续的，不能中断，并要求明确上下级的职责、权力和联系方式。

2. 任何一级组织中只能有一个负责，实行首长负责制。

3. 正职领导副职，副职对正职负责。

4. 下级组织只接受一个上级组织的命令和指挥，防止出现多头领导的现象。

5. 下级只能向直接上级请示工作，不能越级请示工作。下级必须服从上级命令和指挥，不能各自为政、各行其是。如有不同意见，可以越级上诉。

6. 上级不能越级指挥下级，以维护下级组织的领导权威，但可以越级进行检查工作。

7. 职能管理部门一般只能作为同级直线指挥系统的参谋，但无权对下属直线领导者下达命令和指挥。

（四）管理幅度原则

管理幅度也叫管理跨度，它是指一个领导者直接而有效地领导与指挥下属的人数。一个领导者的管理幅度究竟以多大为宜，至今还是一个没有完全解决的问题。有人认为上层领导的管理幅度应以 4~8 人为宜。美国管理协会曾对 100 家大公司进行了一次调查，从调查的情况看，公司总经理的下属人员从 1 到 24 人不等。其中有 26 名总经理的下属人员在 6 人以下，总平均下属人员是 9 人。这些不同数字反映了各种不同因素对管理幅度的影响作用。

法国管理学家丘纳斯提出：如果一个领导者直接管辖的人数为 N，那么他们之间可能产生的沟通关系数 C 为：

$$C = N[2^{N-1} + (N-1)]$$

管理跨度 N	1	2	3	4	5	6	7	8	…
关系数 C	1	6	18	44	100	222	490	1 080	…

若直接管辖的人数过多，双向沟通关系数很大，这时指令、信息的传递容易失真，需要将信息"过滤"（去伪存真、精简、摘要），以便将少量有价值的信息进行"深加工"。领导者控制适当的管理跨度是对信息过滤的最好方法。为此就要将管理系统划分为若干层次，使每一个层次的领导者保持适当的管理跨度，以集中精力在其职责范围内实施有效的管理。

为了科学地确定管理幅度，美国洛克希德导弹与航天公司进行了大量研究，将影响管理加速度变量的因素归纳为5个：职能的相似性，地区的相近性，职能的复杂性，指导与控制的工作量，协调的工作量，计划的工作量。然后，把这些变量按困难程度排列为6级，并分别规定一个权数，以表示影响管理人数的重要程度。确定了各因素的权数并加总之后，还要进行修正。由于经理配备了一定数量的助理，因此，应分别乘以 0.4～0.7 的系数，扩大管辖人数。计算后的数值同标准值进行对比，就可以提出建议的标准管辖人数。

（五）责权利相对应的原则

有了分工，就意味着明确了职务，承担了责任，就要有与职务和责任相等的权力，并享有相应的利益。这就是责、权、利相对应的原则。这个原则要求职务要实在、责任要明确、权力要恰当、利益要合理。

（六）精干高效的原则

精干，就是指在保证工作保质保量完成的前提下，用尽可能少的人去完成工作。之所以强调用尽可能少的人，这是因为根据大生产管理理论，多一个人就多一个发生故障的因素，另外，人员多容易助长推诿拖拉、相互扯皮的风气，造成办事效率低下。为此，要坚持精干高效的原则，即力求人人有事干，事事有人管，保质又保量，负荷都饱满。这既是组织结构设计的原则，又是组织联系和运转的要求。

（七）稳定与改革相结合的原则

组织结构是保证组织各方面工作正常运行的重要机制，应当保持相对的稳定性，这是因为管理组织的变动，涉及到人员、分工、职责、协调等各方面的调整，对人员的情绪、工作熟练程度、工作方法、工作习惯等都带来各种影响，组织的运行要有一个适应和磨合的过程。如果一个组织经常地变化，这个组织将陷入混乱的状态。所以，组织应保持一定的稳定性。但是，组织内部的因素和外部的环境条件是变化和发展的，组织的发展战略及目标也要不断调整，此时组织结构如不作相应的改革，将会运转效率低下，实现组织目标的功能将会降低。所以，一个组织在一定的时期必须作出必要的改革，否则，将会被淘汰。

一个一成不变的组织，是僵化的组织；一个经常在变的组织，必定是混乱的组织。作为组织的领导者，必须注意将组织的稳定和改革作适宜的结合。

第二节 工程建设监理组织形式

一、监理组织机构建立的程序

监理单位要根据监理工作内容、工程项目特点以及自身的水平及能力，来建立监理组织结构，其程序如下：

（一）确定工作内容

根据监理委托合同中的规定，明确列出监理工作内容，并考虑所监理项目的规模、性质、工期、复杂程序以及监理单位自身的业务水平、人员数量等因素，对监理工作内容进行分类归并及组合。

（二）确定组织结构形式

由于工程项目规模、性质、建设阶段等的不同，可以选择不同的监理组织结构形式以适应监理工作需要。组织结构形式的选择应考虑有利于项目合同管理，有利于控制目标，有利于决策指挥，有利于信息沟通。

（三）合理确定管理层次

监理组织结构中一般应有三个层次。一是决策层，由总监理工程师和其助手组成。要根据工程项目的监理活动特点与内容进行科学化、程序化决策。二是中间控制层（协调层和执行层），由专业监理工程师和子项目监理工程师组成。具体负责监理规划的落实，目标控制及合同实施管理，属承上启下管理层次。三是作业层（操作层），由监理员、检查员等组成，具体负责监理工作的操作。

（四）制定岗位职务及岗位职责

岗位职务及职责的确定，要有明确的目的性，不可因人设事。根据责权一致的原则，应进行适当的授权，以承担相应的职责。

（五）选派监理人员

根据监理工作的任务，选择相应的各层次人员，除应考虑监理人员个人素质外，还应考虑总体的合理性与协调性。

二、监理组织结构形式

监理组织结构形式应根据工程项目的特点、工程项目承发包模式、业主委托的任务以及监理单位自身情况而确定。常用的监理组织结构形式如下：

（一）直线制监理组织形式

这种组织形式是最简单的，它的特点是组织中各种职位是按垂直系统直线排列的。它在大型、中型及小型项目中均可应用。如果是项目规模不大且项目整体性较强时，可采用图2-2所示的组织结构。总监理工程师负责整个项目的规划、控制与管理，并直接指导各专项监理组的工作，而各专项监理组负责本专业内各项工作的规划、检查、执行及控制等。

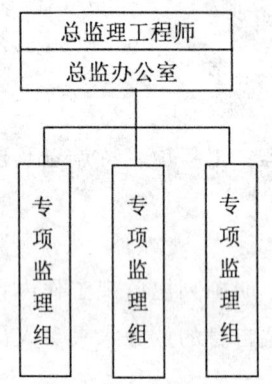

图 2-2 直线制监理组织结构

当所监理项目是能划分为若干个相对独立子项的大、中型建设项目时，可采用图2-3所示的组织结构形式。在这种形式中，总监理工程师负责整个项目的规划、组织和指导，并着重整个项目范围内各方面的协调工作。子项目监理组分别负责子项目的目标值控制，具体领导现场专业或专项监理组的工作。

还可按建设阶段分解设立直线制监理组织结构，如图2-4所示。此种形式适用于大、中型以上项目，且承担包括设计和施工的全过程工程建设监理任务。

这种组织形式的主要优点是机构简单、权力集中、命令统一、职责分明、决策迅速、隶属关系明确。缺点是实行没有职能机构的"个人管理"，这就要求总监理工程师通晓各种业务，通晓多种知识技能，成为"全能"人物。

（二）职能制监理组织形式

职能制监理组织形式，是总监理工程师下设一些职能机构，分别从职能角度对基层监理组进行业务管理，这些职能机构在总监理工程师授权的范围内，就其主管的业务范围，向下下达命令和指标，各专项监理组主要是负责执行，如图2-5所示。这种形式适用于工程项目在地理位置上相对集中的工程。

这种组织形式的主要优点是目标控制分工明确，能够发挥职能机构的专业管理作用，专家参加管理，减轻总监理工程师负担。缺点是多头领导，易造成职责不清。

（三）直线职能制监理组织形式

直线职能制监理组织形式是吸收直线制监理组织形式和职能制监理组织形式的优点而构成的一种组织结构形式，如图2-6所示。

这种形式的主要优点是集中领导、职责清楚，有利于提高办事效率。缺点是职能部门

第二章 工程建设监理组织

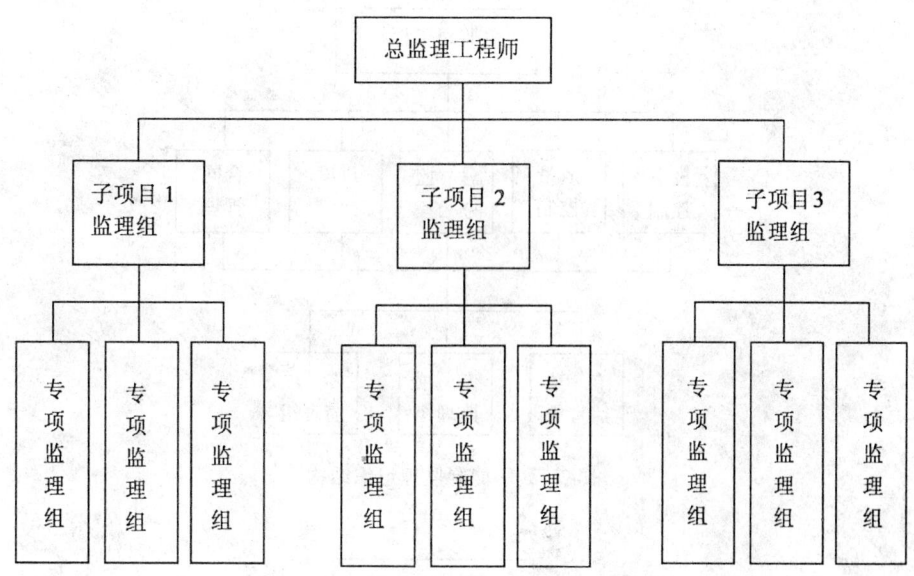

图 2-3 按子项分解的直线制监理组织结构

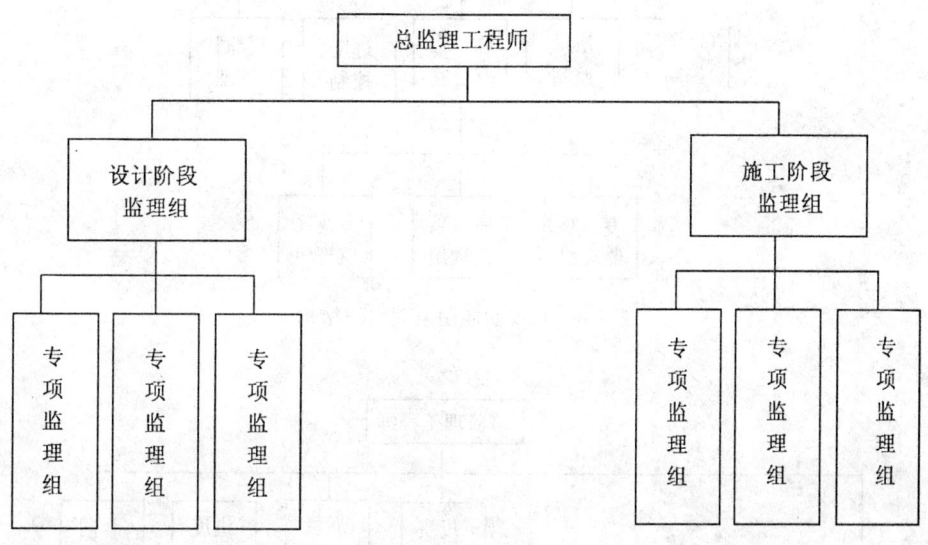

图 2-4 按建设阶段分解设立直线制监理组织结构

与指挥部门易产生矛盾,信息传递路线长,不利于互通情报。

(四)矩阵制监理组织形式

矩阵制监理组织是由纵横两套管理系统组成的矩阵形组织结构,一套是纵向的职能系统,另一套是横向的子项目系统,如图 2-7 所示。

这种形式的优点是加强了各职能部门的横向联系,具有较大的机动性和适应性;把上下左右集权与分权实行最优的结合;有利于解决复杂难题;有利于监理人员业务能力的培

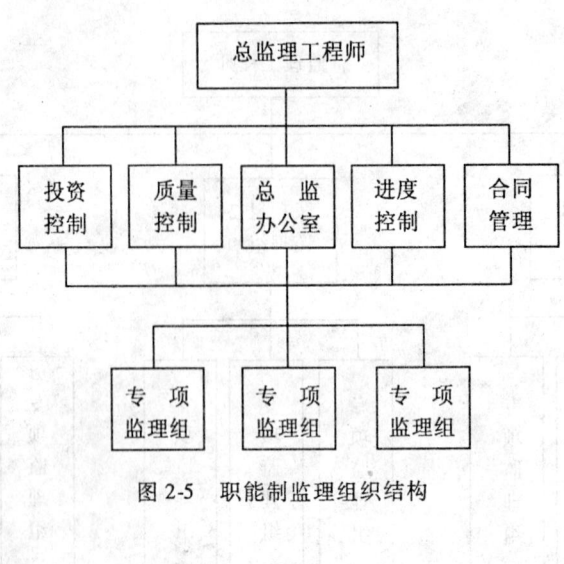

图 2-5 职能制监理组织结构

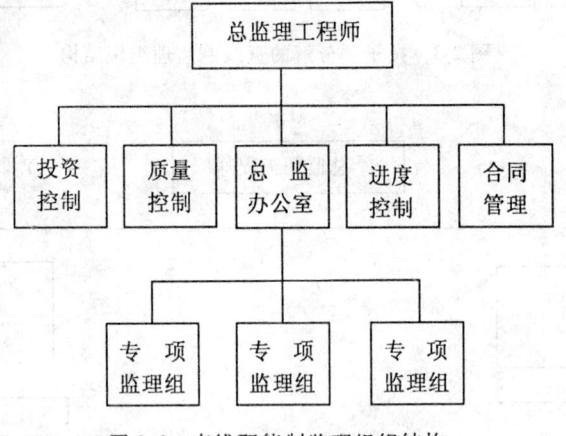

图 2-6 直线职能制监理组织结构

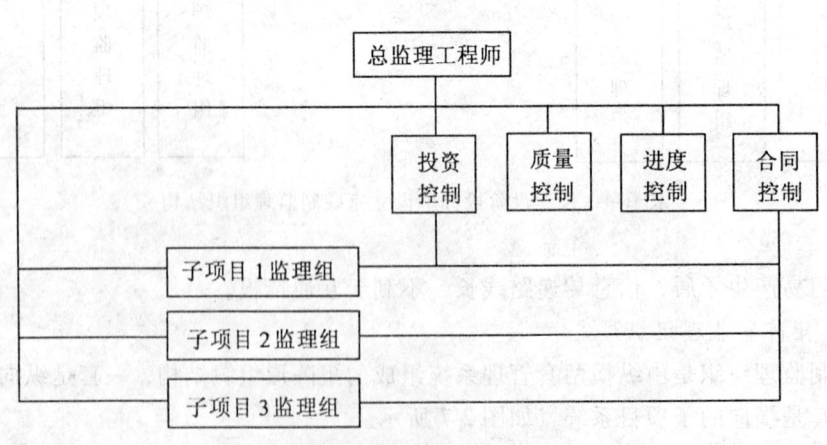

图 2-7 矩阵制监理组织形式

养。缺点是纵横向协调工作量大，处理不当会造成扯皮现象，产生矛盾。

第三节 监理组织的人员配备与职责分工

监理单位内部的工作关系如图 2-8 所示。按照通行的惯例，一般都是监理单位的副经理对经理负责；工程项目总监对主管副经理负责（重大工程项目的总监也可直接对经理负责）。工程项目建设监理实行总监负责制。副总监或总监代表对总监负责；主任监理工程师或专业监理负责人对副总监或总监代表负责；监理工程师对主管的主任监理工程师或专业监理负责人负责；监理员对监理工程师负责。

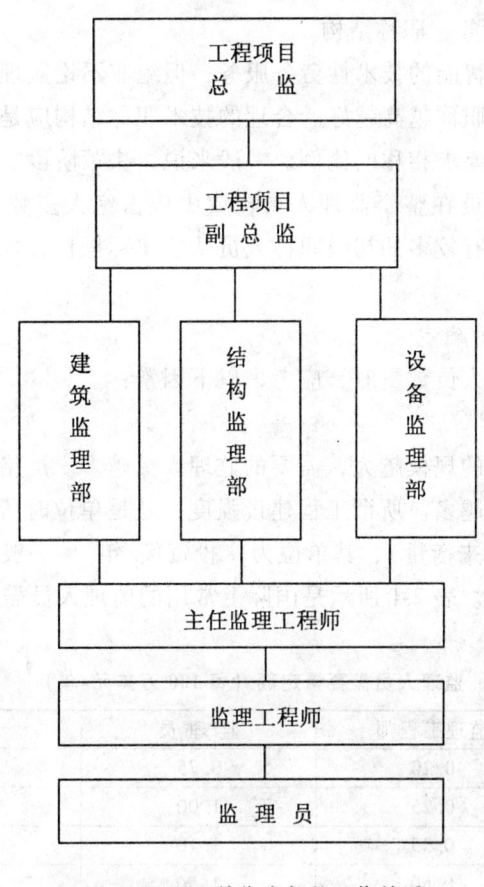

图 2-8 监理单位内部的工作关系

一、人员配备

监理组织的人员配备要根据工程特点、监理任务及合理的监理深度与密度，优化组合，形成整体高素质的监理组织。

(一) 项目监理组织的人员结构

项目监理组织要有合理的人员结构才能适应监理工作的要求。合理的人员结构包括以下两方面的内容：

1. 要有合理的专业结构

即项目监理组应由与监理项目的性质（如工业项目、民用项目、专业性强的生产项目）及业主对项目监理的要求（是全过程监理、还是某一阶段的监理，是某一专业的监理，还是所有专业的监理；是投资、质量、进度的多目标控制，还是单目标控制）相称职的各专业人员组成。

当然，一个监理组织也不可能保证其所拥有的专业人才能保证满足所有监理项目的需要。当项目中有局部的、专业性很强的监理（如钢结构、网架的无损探伤、水下混凝土的质量检测等），可将这些工作委托相应资质的监理机构承担。

2. 要有合理的技术职务、职称结构

监理工作虽是一种高智能的技术性劳务服务，但绝非不论监理项目的要求和需要，追求监理人员的技术职务、职称越高越好。合理的技术职称结构应是高级职称、中级职称和初级职称应有与监理工作要求相称的比例。一般来说，决策阶段、设计阶段的监理，具有中级及中级以上职称的人员在整个监理人员构成中应占绝大多数，初级职称人员仅占少数。施工阶段的监理，应有较多的初级职称人员从事实际操作，如旁站、填记日志、现场检查、计量等。

(二) 监理人员数量的确定

一个监理班子确定其人员数量时，应考虑以下因素：

1. 工程建设强度

一般情况是监理项目的规模越大，需要的监理人员越多。严格来讲应该是工程建设强度越大，所需的监理人员越多。所谓工程建设强度，就是单位时所完成的工程项目建设的工作量（一般是以投资额来衡量），其单位为"投资额/年"。一般情况是工程项目规模大时，其工程建设强度较高。表 2-1 所示是国际上常用的监理人员需要量定额。

表 2-1　　　　　　　　监理人员需要量定额（每 100 万美元/年）

工程复杂程度	监理工程师	监理员	行政文秘人员
简　　单	0.20	0.75	0.1
一　　般	0.25	1.00	0.1
一般复杂	0.35	1.10	0.25
复　　杂	0.50	1.50	0.35
很　复　杂	0.50+	1.50+	0.35+

2. 工程复杂程度

当工程的工艺复杂、项目分散、所处的自然条件及社会经济条件不利时，所需的监理人员就多。

3. 监理单位自身的业务水平

每个单位的业务水平有所不同，人员素质、专业能力、管理水平、工程经验、设备手段等方面的差异影响监理效率的高低，因而影响监理人员的数量。

4. 监理组织结构和任务职能分工

监理人员的配备，必须满足监理机构与任务职能分工的需要，因此，有些项目虽然规模较小，往往也不能只配备一名监理人员，而是要配备分工协作的几个人。

当然，在有业主方人员参与的监理班子中，或由施工方代为承担某些可由其进行的测试工作时，监理人员数量应适当减少。

二、各类监理人员的基本职责

（一）总监理工程师

总监理工程师，也就是FIDIC条款中所称的"工程师"，是监理公司或事务所派往项目执行组织机构的全权负责人。在国外，有的监理委托合同是以总监理工程师个人的名义与业主签订的。可见，总监理工程师在项目监理过程中，扮演着一个重要的角色，他承担着工程监理的最终责任。总监理工程师在项目建设中所处的这个位置，要求他是一个技术水平高、管理经验丰富、能公正执行合同，并已获得政府主管部门核发的资格证书和注册证书的监理工程师。

在整个施工阶段，总监理工程师的主要职责是：

1. 以工程建设监理公司在工程项目的代表身份，与业主、承包单位及政府监理机关和有关单位协调沟通有关方面问题；

2. 确定工程项目组织和监理组织系统，并决定他们的任务和职能分工；

3. 选择确定监理各部门负责人员，并决定他们的任务和职能分工；

4. 对监理人员的工作进行督导，并根据工程实施的变化进行人员的调配；

5. 主持制定工程项目建设监理规划，并全面组织实施；

6. 提出工程发包模式，设计合同结构，为业主发包提供决策意见；

7. 协助业主进行工程招标工作，主持编写招标文件，进行投标人资格预审、开标、评标，为业主决标提出决策意见；

8. 参加合同谈判，协助业主确定合同条款；

9. 主持建立监理信息系统，全面负责信息沟通工作；

10. 在规定时间内及时对工程实施有关工作做出决策。如计划审批、工程变更、事故处理、合同争议、工程索赔、实施方案、意外风险等；

11. 审核并签署开工令、停工令、复工令、付款证明、竣工资料、监理文件和报告等；

12. 定期及不定期巡视工地现场，及时发现和提出问题并进行处理；

13. 按规定时间向业主提交工程监理报告和例外报告；

14. 定期和不定期向本公司报告监理情况；

15. 分阶段组织监理人员进行工作总结。

在工程建设中，监理委托合同一旦签订，总监理工程师的"法定"地位便被确认，在施工承包合同中，业主将明确阐述总监理工程师的权力，以便使承包商更好地接受指导和监督。

（二）监理工程师

监理工程师是由总监理工程师任命并对其负责的，代表总监理工程师执行被授予的那部分职责和权力的人员，在FIDIC条款等合同条件中又称为工程师代表或驻地工程师，我国称为专业或子项目监理工程师。监理工程师是总监理工程师工作的具体执行者，在总监理工程师的授权范围内对各自专业或部门的工作有局部决策权，主要的工作是检查督促承包商按照承包合同履行其各项义务和职责。

在总监理工程师的委托或授权下，监理工程师可承担以下全部或部分职责：

1. 组织制定各专业或各子项目的监理实施计划或监理细则，经总监理工程师批准后组织实施；

2. 对所负责控制的目标进行规划，建立实施目标控制的目标划分系统；

3. 建立目标控制系统，落实各控制子系统的负责人员，制定控制工作流程，确定方法和手段，制定控制措施；

4. 协商确定各部门之间协调程序，为组织一体化主动开展工作；

5. 定期提交本目标或本子项目目标控制例行报告和例外报告；

6. 根据信息流结构和信息目录的要求，及时、准确地做好本部门的信息管理工作；

7. 根据总监理工程师的安排，参与工程招标工作，做好招标各阶段的本专业的工作；

8. 审核有关的承包方提交的计划、设计、方案、申请、证明、单据、变更、资料、报告等；

9. 检查有关的工作情况，掌握工程现状，及时发现和预测工程问题，并采取措施妥善处理；

10. 组织、指导、检查和监督本部门监理员的工作；

11. 及时检查、了解和发现承包方的组织、技术、经济和合同方面的问题，并向总监理工程师报告，以便研究对策，解决问题；

12. 及时发现并处理可能发生或已发生的工程质量问题；

13. 参与有关的分部（分项）工程、单位工程、单项工程等分阶段交工工程的检查和验收工作；

14. 参加或组织有关工程会议并做好会前准备；

15. 协调处理本部门管理范围内各承包方之间的有关工程方面的矛盾；

16. 提供或搜集有关的索赔资料，并把索赔和防索赔当作本部门份内工作来抓，积极配合合同管理部门做好索赔的有关工作；

17. 检查、督促并认真做好监理日志、监理月报工作，建立本部门监理资料管理制度；

18. 定期做好本部门监理工作总结。

（三）监理员、检查员

监理员、检查员，在FIDIC条款中称为助理，是由总监理工程师或监理工程师任命的，从事直接的工程检查、计量、检测、试验、监督和跟踪工作的工作人员。他们的主要职责是及时而全面地掌握工程进展的信息，并及时报告给总监理工程师或监理工程师。担任这一工作的人员,要有一定的技术专长,除了助理工程师、经济师等适于做这项工作外,有些现场经验丰富的老工人担任此项工作也是很合适的。

监理员、检查员的任务一般有如下几方面:

1. 负责检查、检测并确认材料、设备、成品和半成品质量;
2. 检查施工单位人力、材料、设备、施工机械投入和运行情况,并做好记录;
3. 负责工程计量并签署原始凭证;
4. 检查是否按设计图纸施工、按工艺标准施工、按进度计划施工,并对发生的问题随时予以解决纠正;
5. 检查确认工序质量,进行验收并签署;
6. 实施跟踪检查,及时发现问题及时报告;
7. 做好填报工程原始记录工作;
8. 记好监理日志。

三、现场监理工程师应注意的问题

在施工现场执行监理任务的监理工程师,打交道最多的是承包商方面的管理人员以及具体的操作者;与业主打交道,主要是总监理工程师的事情。善于与各类人物打交道,妥善处理好与他们的关系,是现场监理工程师开展工作的基础。正是基于此,现场监理工程师要注意处理好以下问题。

(一) 技术熟练如准确的判断是监理工程师做到公正的基础

在许多工程承包合同中有这样的提法:监理工程师的决定是最终决定,对业主和承包商双方均有约束力。有的合同甚至由监理工程师担任业主和承包商之间的仲裁人(指国外的民间仲裁方法)。我国建设监理有关规定指出:"建设单位与承建单位在执行工程承包合同过程中发生的任何争议,均须提交总监理工程师调解。"既然监理工程师充当了调解人甚至仲裁人的角色,他的意见就是举足轻重的。所以他不能仅仅以某一方的意见作为自己意见的基础,由于他是凭借自己的专业技能和经验才被任用的,他必须要用这些技能和经验来处理、判断自己面临的问题。如果是一位经验丰富的、在施工现场见多识广的监理工程师,他必定能够以过去的经验对业主和承包商的纠纷或争议作出一个准确、科学的判断分析,这样他也就能提出使双方同意的公正的解决意见。如果监理工程师受到了自己专业技能和经验的限制,他的判断就有可能走样,解决问题的办法也就可能难以令人信服,甚至容易使一方产生"偏向"的想法。当然,强调监理工程师的独立判断,并非是说他就可以拒绝听取业主或承包人的意见。实际上,经验丰富的监理工程师是很注意听取双方的意见的,因为在他们中间也不乏经验丰富的专家。只是他所处的位置和职责要求监理工程师必须以自己的意见作为判断基础。

(二) 处理好与承包商项目经理的关系

从某种意义来理解,监理工程师与承包商项目经理的关系是一种"合作者"的关系,因为大家的目标都是为了建设好工程。由于所处位置不同,利益也不一样,从承包商项目经理及其工地工程师的角度来说,他们最希望监理工程师是公正、通情达理并容易理解别人的。他们希望从监理工程师处得到明确而不是含糊的指示,并且能够对他们所询问的问题给予迅速的答复。他们希望监理工程师的指示能够在他们进行工作之前发出,而不是在进行工作之后。因此,一个懂得坚持原则,又善于理解承包商项目经理的意见,工作方法灵活,随时可能提出或愿意接受变通办法的监理工程师肯定是受欢迎的。

(三) 遇到质量问题

当工程出现质量问题,无论对监理工程师或承包人来说,都是一件不愉快的事情,驻地监理工程师的主要职责就是想法把工作纠正过来,停止不适当的工作方法。监理工程师完全有发出指示的权力。但是,监理工程师应有处理问题的工作艺术。优秀的监理工程师决不仅仅善于发现问题,还应善于与项目经理讨论可能采取的补救办法,这正是所谓"寓监理于服务之中"。监理工程师的最终目的是把工程建好,这也是承包商的目标,所以在和项目经理讨论时要有一种灵活的态度,即充分听取承包商项目经理的意见,并随时准备接受能够解决问题的合理变通方案。

(四) 对承包商的处罚

在施工现场,监理工程师对承包人的某些违约行为进行处罚,是一件很慎重又很难避免的事。每当发现承包人采用一种不适当的方法进行施工,或是用了不符合规定的材料时,监理工程师除了立即给予制止以外,可能还要采取相应的处理措施。遇到这种情况,监理工程师应该考虑的是自己的处罚措施是否属于本身权限以内的,根据合同要求,自己应该怎么做等。对于承包合同的处罚条款,监理工程师应该十分熟悉,这样当他签署一份函件时,便不会出现失误,给自己的工作造成被动。在发现缺陷并需要采取处理措施时,监理工程师必须立即通知承包人,监理工程师要有限期的概念,否则承包人有权认为监理工程师是满意或认可的。

第四节 工程建设监理组织的沟通

建设工程监理目标的实现,需要监理工程师扎实的专业知识和对监理程序的有效执行,此外,还要求监理工程师有较强的沟通与组织协调能力。通过沟通与组织协调,使影响监理目标实现的各方主体有机配合,使监理工作实施和运行过程顺利。

一、监理组织机构沟通与协调的工作内容

(一) 监理机构内部的沟通

1. 项目监理机构内部人际关系的沟通

人际关系的沟通是监理工程师组织协调的工作内容之一。为抓好人际关系的协调,激励项目监理机构成员,总监理工程师应做到:在人员安排上要量才录用,在工作安排上要职责分明,在成绩评价上要实事求是、发扬民主,在矛盾调解上要恰到好处,多听意见,及时沟通。

2. 项目管理机构内部组织关系的沟通

项目监理机构内部组织关系的协调可从以下几方面进行：

（1）根据工程对象及委托监理合同所规定的工作内容，在职能划分的基础上设置组织机构，确定职能划分。

（2）以规章制度的形式明确规定每个部门的目标、职责和权限。

（3）事先约定各个部门在工作中的相互关系。

（4）建立信息沟通制度来沟通信息，使局部了解全局、服从并适应全局需要。

（5）及时消除工作中的矛盾和冲突。

3．项目管理机构内部需求关系的协调

建设工程监理实施中有人员、试验设备、材料等需求，而可用资源是有限的，因此，内部需求平衡至关重要，主要包括对监理设备、材料的平衡以及对监理单位人员的平衡。

（二）与业主的沟通

监理工程师应理解工程建设总目标，理解业主的意图；应利用工作之便做好监理宣传工作，增进业主对监理工作的理解，特别是对工程建设管理各方的职责及监理程序的理解，主动帮助业主处理工程建设中的事务性工作，以自己规范化、标准化、制度化的工作去影响和促进双方工作的协调一致；同时，要尊重业主，让业主一起投入工程建设全过程。尽管有预定的目标，但工程建设实施必须执行业主的指令，使业主满意。对业主提出的某些不适当的要求，只要不属于原则性问题，都可先执行，然后利用适当时机采取适当方式加以说明或解释，对于原则性问题，可采取书面报告等方式说明原委，尽量避免发生误解，以使工程建设顺利实施。

（三）与承包商的沟通

监理工程师对质量、进度和投资的控制都是通过承包商的工作来实现的，所以做好与承包商的协调工作是监理工程师组织协调工作的重要内容。一方面，要坚持原则，实事求是，严格按规范、规程办事，讲究科学态度；另一方面，要明确协调不仅是方法、技术问题，更多的是语言艺术、感情交流和用权适度问题。

施工阶段与承包商的协调工作内容主要包括：与承包商项目经理关系的协调；进度问题的协调；质量问题的协调；对承包商违约行为的处理；合同争议的协调；对分包单位的管理；处理好人际关系。

（四）与设计单位的沟通

监理单位应做到：真诚尊重设计单位的意见；施工中发现设计问题，应及时向设计单位提出，以免造成经济损失；注重信息传递的及时性和程序性，监理工程师联系单、设计变更通知单的传递，要按设计单位、（经业主同意）监理单位、承包商的程序进行。

在施工监理的条件下，监理单位与设计单位都是受业主委托进行工作的，两者之间并没有合同关系，所以，监理单位主要是和设计单位做好交流工作，协调要靠业主的支持。设计单位应就其设计质量对建设单位负责。

（五）与政府部门的沟通

1．工程质量监督站是由政府授权的工程质量监督的实施机构，对委托监理的工程，质量监督站主要是核查勘察设计、施工单位的资质和工程质量检查。监理单位在进行工程质量控制和质量问题处理时，要做好与工程质量监督站的交流和协调。

2. 对重大质量事故，在承包商采取急救、补救措施的同时，应敦促承包商立即向政府有关部门报告，接受检查和处理。

3. 建设工程合同应送公证机关公证，并报政府建设管理部门备案；征地、拆迁、移民要争取政府有关部门的支持和协作；现场消防设施的配置，宜请消防部门检查认可；要敦促承包商在施工中注意防止环境污染，坚持做到文明施工。

二、工程建设监理组织沟通的方法

（一）会议沟通法

在工程施工阶段，会议沟通法是工程监理中最常用的一种协调方法。实践中常用的会议沟通法包括第一次工地会议、监理例会、专业性监理会议等。

1. 第一次工地会议

第一次工地会议是工程建设尚未全面展开前，履约各方相互认识、确定联络方式的会议，也是检查开工前各项准备工作是否就绪，并明确监理工作程序的会议。第一次工地会议应在项目总监理工程师下达开工令之前举行，会议由监理工程师和建设单位联合主持召开，总承包单位的授权代表参加，也可邀请分包单位参加，必要时邀请有关设计单位人员参加。

2. 监理例会

监理例会是由监理工程师组织与主持、按一定程序召开、研究施工中出现的计划、进度、质量及工程款支付等问题的工地会议。监理工程师将会议讨论的问题和决定记录下来，形成会议纪要，供与会者确认和落实。

监理例会应定期召开，宜每周一次，参加人员包括项目总监理工程师（或总监理工程师代表）、其他有关监理人员、承包商项目经理、承包单位其他有关人员。需要时，还可邀请其他有关单位代表参加。会议记录由监理工程师形成纪要，经与会各方认可，然后分发给有关单位。

3. 专业性监理会议

除定期召开工地监理例会以外，还应根据需要组织召开一些专业性协调会议，如业主指定的分包单位与总包单位之间的协调会、专业性较强的分包单位进场协调会等，均由监理工程师主持会议。

（二）交谈沟通法

在实践中，并不是所有问题都需要开会来解决，有时可采用交谈这一方法。无论是内部协调还是外部协调，这种方法使用频率都是相当高的。它是一条保持信息畅通的最好渠道，是寻求协作和帮助的最好方法，是正确及时地发布工程指令的有效方法。

（三）书面沟通法

书面沟通法一般常用于：不需双方直接交流的书面报告、报表、指令和通知等；需要以书面形式向各方提供详细信息和情况通报的报告、信函和备忘录等；事后对会议记录、交谈内容或口头指令的书面确认。它的特点是具有合同效力。

（四）访问沟通法

访问沟通法主要用于外部协调中，有走访和邀访两种形式。

小　　结

组织管理对于工程建设监理来说是至关重要的。探讨与分析组织结构的性质、组织结构设计的内容与原则，可为项目监理的组织结构形式提供理论依据。选定合理的组织结构形式，科学地划分和设置组织层次、管理部门，明确各部门和岗位的职责，建立起一个适应项目特点和要求的工程建设监理机构，是工程建设监理的第一步。

工程建设监理是一种高智能的技术服务活动。这种活动的效果，不仅取决于监理队伍的总量能否满足监理业务的需要，而且取决于监理人员，尤其是监理工程师的水平。推行建设监理制，就要深入分析监理组织的基本形式，监理组织的人员配备，研究监理工程师的基本素质要求以及各类监理人员的基本职责。组织协调与沟通是工程建设监理的一个重要职能。为保证项目的顺利实施，实现预期的目标，监理工程师应具备沟通与协调的技能。沟通是一种管理艺术和技巧。监理工程师尤其是总监理工程师需要掌握领导科学、心理学、行为科学方面的知识和技能，如激励、交际、表扬、批评、开会、谈话和谈判的艺术和技巧等。只有这样，监理工程师才能进行有效的沟通。

【案例分析】

某工程项目的项目组织结构如下：

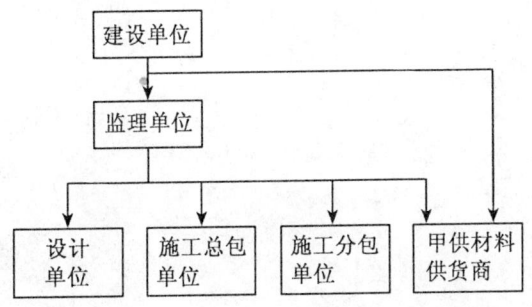

注："→"表示指令关系

问题：

对项目组织结构及合同结构的表示，你认为是否正确？如不正确，请用图表示出正确的结构。

思 考 题

1. 什么是组织和组织结构？
2. 组织设计应遵循什么原则？
3. 项目监理机构组织模式有哪些？用图示说明直线制项目监理组织模式。
4. 项目监理机构中各类人员的基本职责是什么？
5. 简述常用的工程建设监理组织沟通的方法。

第三章 工程建设监理规划

工程建设监理规划是监理单位制定的指导工程项目监理工作的实施方案。本章主要阐述了工程建设监理规划的作用，介绍了工程建设监理规划的种类、作用与关系，分析了工程建设监理规划编写的依据，探讨了工程建设监理规划的内容。

第一节 工程建设监理规划概述

一、工程建设监理规划系列性文件

工程建设监理大纲和监理细则是与监理规划相互关联的两个重要监理文件，它们与监理规划一起共同构成监理规划系列性文件。

（一）监理大纲

监理大纲又称监理方案，它是监理单位在业主委托监理的过程中为承揽监理业务而编写的监理方案性文件。它的主要作用有两个，一是使业主认可大纲中的监理方案，从而承揽到监理业务；二是为今后开展监理工作制定方案。其内容根据监理招标文件的要求制定。包括的内容有：监理单位拟派往项目上的主要监理人员，并对他们的资质情况进行介绍；监理单位应根据业主所提供的和自己初步掌握的工程信息制定准备采用的监理方案（监理组织方案、各目标控制方案、合同管理方案、组织协调方案等）；明确说明将提供给业主、反映监理阶段性成果的文件。项目监理大纲是项目监理规划编写的直接依据。

（二）监理规划

监理规划是监理单位接受业主委托并签订工程建设监理合同之后，由项目总监理工程师主持，根据监理合同，在监理大纲的基础上，结合项目的具体情况，广泛收集工程信息和资料的情况下制定的指导整个项目监理组织开展监理工作的技术组织文件。

监理规划的编写主持人是项目总监理工程师，而制定监理大纲的人员是监理单位指定人员或单位的技术管理部门。

监理大纲的内容应当根据建设单位发布的监理招标文件的要求制定，一般来说，应该包括如下主要内容：

1. 拟派往项目监理机构的监理人员情况介绍

在监理大纲中，监理单位需要介绍拟派往所承揽或投标工程的项目监理机构的主要监理人员，并对他们资格情况进行说明。其中，应该重点介绍拟派往投标工程的项目总监工程师的情况，这往往决定承揽监理业务的成败。

2. 拟采用的监理方案

监理单位应当根据建设单位所提供的工程信息和工程资料，制定出拟采用的监理方案。监理方案的具体内容包括：项目监理机构的方案、工程建设三大目标的具体控制方案、工程建设各种合同的管理方案、项目监理机构在监理过程中进行组织协调的方案等。

3. 拟提供给建设单位的阶段性监理文件

在监理大纲中，监理单位还应该明确未来工程监理工作中向建设单位提供的阶段性的监理文件，这将有助于建设单位掌握工程建设的过程。

监理规划制定的时间是在监理大纲之后。显然，如果监理单位不能够在竞争中中标，则该监理单位就没有再继续编写该监理规划的机会。从内容范围上讲，监理大纲与监理规划都是围绕着整个项目监理机构所开展的监理工作的，但监理规划的内容要比监理大纲翔实、全面。

（三）监理细则

监理细则又称项目监理（工作）实施细则。监理细则是在项目监理规划基础上，由项目监理组织的各有关部门，根据监理规划的要求，在部门负责人主持下，针对所分担的具体监理任务和工作，结合项目具体情况和掌握的工程信息制定的指导具体监理业务实施的文件。

监理细则在编写时间上总是滞后于项目监理规划。编写主持人一般是项目监理组织的某个部门的负责人。

项目监理大纲、监理规划、监理细则是相互关联的，它们都是构成项目监理规划系列文件的组成部分，它们之间存在着明显的依据性关系：在编写项目监理规划时，一定要严格根据监理大纲的有关内容来编写；在制定项目监理细则时，一定要在监理规划的指导下进行。

通常，监理单位开展监理活动应当编制以上系列监理规划文件。但这也不是一成不变的，对于简单的监理活动只编写监理细则就可以了，而有些项目也可以制定较详细的监理规划，而不再编写监理细则。

第二节　工程建设监理规划的编写

一、工程建设监理规划的作用

（一）指导项目监理机构全面开展监理工作

监理规划的基本作用就是指导项目监理机构全面开展监理工作。

工程建设监理的中心目的是协助建设单位实现工程建设的总目标。实现建设总目标是一个系统过程。它需要制定计划，建立组织，配备合适的监理人员，进行有效的领导，实施工程的目标控制。只有系统地做好上述工作，才能完成工程建设监理的任务。在实施建设监理的过程中，监理单位要集中精力做好目标控制工作。因此，监理规划需要对项目监理机构开展的各项监理工作做出全面、系统的组织和安排。它包括确定监理工作目标，制定监理工作程序，确定目标控制、合同管理、信息管理、组织协调等各项措施和确定各项工作的方法和手段。

（二）监理规划是建设监理主管机构对监理单位监督管理的依据

政府建设监理主管机构对工程建设监理单位要实施监督、管理和指导，对其人员素质、专业配套和工程建设监理业绩要进行核查和考评以确认其资质等级，以使我国整个工程建设监理行业能够达到应有的水平。要做到这一点，除了进行一般性的资质管理工作之外，更为重要的是通过监理单位的实际监理工作来认定它的水平。监理单位的实际水平可从监理规划和它的实施中充分地表现出来。因此，政府建设监理主管机构对监理单位进行考核时，应当十分重视对监理规划的检查，也就是说，监理规划是政府建设监理主管机构监督、管理和指导监理单位开展监理活动的重要依据。

（三）监理规划是建设单位确认监理单位履行合同的主要依据

监理单位如何履行监理合同，如何落实建设单位委托监理单位所承担的各项监理服务工作，作为监理的委托方，建设单位不但需要而且应当了解和确认监理单位的工作。同时，建设单位有权监督监理单位全面、认真地执行监理合同，而监理规划正是建设单位了解和确认这些问题的最好资料，是建设单位确认监理单位是否履行监理合同的主要说明性文件。监理规划应当能够全面而详细地为建设单位监督监理合同的履行提供依据。

（四）监理规划是监理单位内部考核的依据和重要的存档资料

从监理单位内部管理制度化、规范化、科学化的要求出发，需要对各项目监理机构（包括总监理工程师和专业监理工程师）的工作进行考核，其主要依据是经过内部主管负责人审批的监理规划。通过考核，可以对有关监理人员的监理工作水平和能力作出客观、正确的评价，从而有利于今后在其他工程上更加合理地安排监理人员，提高监理工作效率。

二、工程建设监理规划编写的有关要求

（一）监理规划的基本内容构成应当力求统一

监理规划作为指导项目监理组织全面开展监理工作的指导性文件，在总体内容组成上应力求做到统一。这是监理规范、统一的要求，是监理制度化的要求，是监理科学性的要求。

监理规划基本组成内容，一般包括：目标规划、项目组织、监理组织、合同管理、信息管理和目标控制。

（二）监理规划的具体内容应具有针对性

监理规划基本构成内容应当统一，但各项内容要有针对性。因为监理规划是指导一个特定工程项目监理工作的技术组织文件，它的具体内容要适应于这个工程项目，而所有工

程项目都具有单件性和一次性特点，也就是说每个项目都不相同。

所以，针对一个具体工程项目的监理规划，有它自己的投资、进度、质量目标；有它自己的项目组织形式；有它自己的监理组织机构；有它自己的信息管理的制度；有它自己的合同管理措施；有它自己的目标控制措施、方法和手段。只有具有针对性，监理规划才能真正起到指导监理工作的作用。

（三）监理规划的表达方式应当格式化、标准化

监理规划的内容表达上需要选择最有效方式和方法表示出规划的各项内容。比较而言，图、表和简单的文字说明是应当采用的基本方法。

编写监理规划各项内容时对应当采用什么表格、图示以及哪些内容需要采用简单的文字说明应当做出统一规定。

（四）项目总监理工程师是监理规划编写的主持人

监理规划应当在项目总监理工程师主持下编写制定，这是工程建设监理实行项目总监理工程师负责制的要求。同时，要广泛征求各专业和各子项目监理工程师的意见并吸收他们中的一部分共同参与编写。

（五）监理规划应当与工程项目运行相一致

监理规划是针对一个具体工程项目来编写的，而工程的动态性很强。项目的动态性决定了监理规划具有可变性。所以，必须与工程项目运行相一致，只有这样才能实施对这项工程有效的监理。

监理规划与工程项目运行相一致是指它要随着工程项目的展开进行不断的补充、修改和完善。它由开始的"粗线条"或"近细而远粗"逐步地变得完整、完善起来。同时，监理规划随着工程的进行必然要调整。工程项目在运行过程中，内外因素和条件不可避免地要发生变化，造成项目不断地发生着运动"轨迹"的改变。因此，需要对它的偏离进行反复的调整，这就必然造成监理规划本身在内容上要相应地调整。这种调整的目的是使工程项目能够在规划的有效控制之下。

（六）监理规划的分阶段编写

监理规划的内容与工程进展密切相关，没有规划信息也就没有规划内容。因此，监理规划的编写需要有一个过程。一般将编写的整个过程划分为若干个阶段，每个编写阶段都可与工程实施的各阶段相对应。这样，项目实施各阶段所输出的工程信息成为相应的规划信息，从而使监理规划编写能够遵循管理规律。

监理规划编写阶段可按项目实施的各阶段来划分。例如，可划分为设计阶段、施工招标阶段和施工阶段。设计的前期阶段，即设计准备阶段应完成规划的总框架并将设计阶段的监理工作进行"近细远粗"的规划，使规划内容与已经把握住的工程信息紧密结合，既能有效地指导下阶段的监理工作，又为未来的工程实施进行筹划；设计阶段结束，大量的工程信息能够提供出来，所以施工招标阶段监理规划的大部分内容都能够落实；随着施工招标的进展，各承包单位逐步确定下来，工程承包合同逐步签订，施工阶段监理规划所需工程信息基本齐备，足以编写出完整的施工阶段监理规划。在施工阶段，有关监理规划工作主要是根据工程进展情况进行调整、修改，使它能够动态地控制整个工程项目的正常进行。

（七）监理规划的审核

项目监理规划在编写完成后需要进行审核并经批准。监理单位的技术主管部门是内部审核单位，其负责人应当签认。同时，还应当提交给业主，由业主确认，并监督实施。

三、工程建设监理规划编写的依据

（一）工程项目外部环境调查研究资料

1. 自然条件。包括：工程地质、工程水文、历年气象、区域地形、自然灾害情况等。
2. 社会和经济条件。包括：政治局势、社会治安、建筑市场状况、材料和设备厂家、勘察和设计单位、施工单位、工程咨询和监理单位、交通设施、通讯设施、公用设施、能源和后勤供应、金融市场情况等。

（二）工程建设方面的法律、法规

1. 中央、地方和部门政策、法律、法规；
2. 工程所在地的法律、法规、规定及有关政策等；
3. 工程建设的各种规范、标准。

（三）政府批准的工程建设文件

1. 可行性研究报告、立项批文；
2. 规划部门确定的规划条件、土地使用条件、环境保护要求、市政管理规定等。

（四）工程建设监理合同

1. 监理单位和监理工程师的权利和义务；
2. 监理工作范围和内容；
3. 有关监理规划方面的要求。

（五）其他工程建设合同

1. 项目业主的权利和义务；
2. 工程承建商的权利和义务。

（六）项目业主的正当要求

根据监理单位应竭诚为客户服务的宗旨，在不超出合同职责范围的前提下，监理单位应最大限度地满足业主的正当要求。

（七）工程实施过程输出的有关工程信息

1. 方案设计、初步设计、施工图设计；
2. 工程实施状况；
3. 工程招标投标情况；
4. 重大工程变更；
5. 外部环境变化等。

（八）项目监理大纲

1. 项目监理组织计划；
2. 拟投入主要监理成员；
3. 投资、进度、质量控制方案；

4. 信息管理方案；
5. 合同管理方案；
6. 定期提交给业主的监理工作阶段性成果。

第三节　工程建设监理规划的内容

一、工程项目概况

工程项目的概况部分主要编写如下内容：
1. 工程项目名称
2. 工程项目地点
3. 工程项目组成及建筑规模
4. 主要建筑结构类型（见表3-1）

表 3-1　　　　　　　　　　　主要建筑结构类型

工程名称	基础	主体结构	屋面	装修要求	……

5. 预计工程投资总额

预计工程投资总额可按以下两种费用编列：

（1）工程项目投资总额；

（2）工程项目投资构成。

6. 工程项目计划工期

工程项目计划工期可以工程项目的计划持续时间或以工程项目的具体日历时间表示：

（1）以工程项目的计划持续时间表示：工程项目计划工期为"××个月"或"××天"；

（2）以工程项目的具体日历时间表示：工程项目计划工期由____年____月____日至____年____月____日。

7. 工程质量等级

应具体提出工程项目的质量目标要求。如：优良或合格。

8. 工程项目设计单位及施工承包单位名称（见表3-2、表3-3）

9. 工程项目结构图与编码系统

表 3-2 设计单位名称一览表

设计单位	设计内容	项目负责人	联系方式

表 3-3 施工单位名称一览表

施工单位	承包内容	项目负责人	备注

二、工程建设监理阶段、范围和目标

（一）工程建设监理阶段

工程建设监理阶段是指监理单位所承担监理任务的工程项目建设阶段。可以按监理合同中确定的监理阶段划分。

1. 工程项目立项阶段的监理
2. 工程项目设计阶段的监理
3. 工程项目招标阶段的监理
4. 工程项目施工阶段的监理
5. 工程项目保修阶段的监理

（二）工程项目建设监理范围

工程建设监理范围是指监理单位所承担任务的工程项目建设监理的范围。如果监理单位承担全部工程项目建设监理任务，监理的范围为全部工程项目，否则应按监理单位所承担的工程项目的建设标段或子项目划分确定工程项目建设监理范围。

（三）工程建设监理目标

工程建设监理目标是指监理单位所承担的工程项目监理目标。通常以工程项目的建设投资、进度、质量三大控制目标来表示。

1. 投资目标

以_____年预算为基价，静态投资为_____万元（合同承包价为_____万元）。

2. 工期目标

_____个月或自_____年_____月_____日至_____年_____月_____日。

3. 质量等级

工程项目质量等级要求：优良（或合格）；
主要单项工程质量等级要求：优良（或合格）；
重要单项工程质量等级要求：优良（或合格）。

三、工程建设监理工作内容

（一）工程项目立项阶段监理工作的主要内容
1. 协助业主准备项目报建手续；
2. 项目可行性研究咨询/监理；
3. 技术经济论证；
4. 编制工程建设匡算；
5. 组织设计任务书编制。

（二）设计阶段监理工作的主要内容
1. 结合工程项目特点，收集设计所需的技术经济资料；
2. 编写设计要求文件；
3. 组织工程项目设计方案竞赛或设计招标，协助业主选择好勘测设计单位；
4. 拟订和商谈设计委托合同内容号；
5. 向设计单位提供设计所需基础资料；
6. 配合设计单位开展技术经济分析，搞好设计方案的比选，优化设计；
7. 配合设计进度，组织设计与有关部门，如消防、环保、土地、人防、防汛、园林以及供水、供电、供气、供热、电信等部门的协调工作；
8. 组织各设计单位之间的协调工作；
9. 参与主要设备、材料的选型；
10. 审核工程估算、概算；
11. 审核主要设备、材料清单；
12. 审核工程项目设计图纸；
13. 检查和控制设计进度；
14. 组织设计文件的报批。

（三）施工招标阶段监理工作的主要内容
1. 拟订工程项目施工招标方案并征得业主同意；
2. 准备工程项目施工招标条件；
3. 办理施工招标申请；
4. 编写施工招标文件；
5. 标底经业主认可后，报送所在地方建设主管部门审核；
6. 组织工程项目施工招标工作；
7. 组织现场勘察与答疑会，回答投标人提出的问题；
8. 组织开标、评标及决标工作；
9. 协助业主与中标单位商签承包合同。

（四）材料物资采购供应的建设监理工作

对于由业主负责采购供应的材料和设备等物资，监理工程师应负责制定计划、监督合同执行和供应工作。具体监理工作的主要内容有：

1. 制定材料物资供应计划和相应的资金需求计划。
2. 通过质量、价格、供货期、售后服务等条件的分析和比选，确定材料、设备等物资的供应厂家。重要设备还应访问现有使用用户，并考察生产厂家的质量保证系统。
3. 拟订并商签材料、设备的订货合同。
4. 监督合同的实施，确保材料设备的及时供应。

（五）施工阶段监理

1. 施工阶段质量控制；
2. 施工阶段进度控制；
3. 施工阶段投资控制。

（六）合同管理

1. 拟订本工程项目合同体系及合同管理制度，包括合同草案的拟订、会签、协商、修改、审批、签署、保管等工作制度及流程；
2. 协助业主拟订项目的各类合同条款，并参与各类合同的商谈；
3. 合同执行情况的分析和跟踪管理；
4. 协助业主处理与项目有关的索赔事宜及合同纠纷事宜。

（七）委托的其他服务

监理工程师受业主委托，承担技术服务方面的内容：

1. 协助业主准备项目申请供水、供电、供气、电信线路等协议或批文；
2. 协助业主制定商品房营销方案；
3. 为业主培训技术人员等。

四、主要的工程建设监理控制目标与措施

工程项目的建设监理控制目标与措施应重点围绕投资控制、质量控制、进度控制三大目标制定。

（一）投资控制

1. 投资目标分解

（1）按基本建设投资的费用组成分解

（2）按年度、季度（月度）分解

（3）按项目实施的阶段分解：

①设计准备阶段投资分解

②设计阶段投资分解

③施工阶段投资分解

④动用前准备阶段投资分解

（4）按项目结构的组成分解

2. 投资使用计划

投资使用计划可列表编制。

3. 投资控制的工作流程与措施

(1) 工作流程图

(2) 投资控制的具体措施

①投资控制的组织措施

建立健全监理组织，完善职责分工及有关制度，落实投资控制的责任。

②投资控制的技术措施

在设计阶段，推选限额设计和优化设计；

招标投标阶段，合理确定标底及合同价；

材料设备供应阶段，通过质量价格比选，合理确定生产供应厂家；

施工阶段，通过审核施工组织设计和施工方案，合理开支施工措施费以及按合理工期组织施工，避免不必要的赶工费。

③投资控制的经济措施

除及时进行计划费用与实际开支费用的比较分析外，监理人员对原设计或施工方案提出合理化建议被采用由此产生的投资节约，可按监理合同规定予以一定的奖励。

④投资控制的合同措施

按合同条款支付工资，防止过早、过量的现金支付；全面履约，减少对方提出索赔的条件和机会，正确地处理索赔等。

4. 投资目标和风险分析

5. 投资控制的动态比较

(1) 投资目标分解值与项目概算值的比较

(2) 项目概算值与施工图预算值比较

(3) 施工图预算值（合同价）与实际投资额的比较

6. 投资控制表格

(二) 进度控制

1. 项目总进度计划

2. 总进度目标的分解

(1) 年度、季度（月度）进度目标

(2) 各阶段的进度目标

①设计准备阶段进度分解

②设计阶段进度分解

③施工阶段进度分解

④动用前准备阶段进度分解

(3) 各子项目的进度目标

3. 进度控制的工作流程与措施

(1) 工作流程图

(2) 进度控制的具体措施

①进度控制的组织措施

落实进度控制的责任,建立进度控制协调制度。

②进度控制树的技术措施

建立多级网络计划和施工作业计划体系;增加同时作业的施工面;采用高效能的施工机械设备;采用施工新工艺、新技术,缩短工艺过程间和工序间的技术间歇时间。

③进度控制的经济措施

对工期提前者实行奖励;对应急工程实行较高的计件单价;确保资金的及时供应等。

④进度控制的合同措施

按合同要求及时协调有关各方的进度,以确保项目形象进度。

4.进度目标实现的风险分析

5.进度控制的动态比较

(1)进度目标分解值与项目进度实际值的比较

(2)项目进度目标值预测分析

6.进度控制表格

(三)质量控制

1.质量控制目标的描述

(1)设计质量控制目标

(2)材料质量控制目标

(3)设备质量控制目标

(4)土建施工质量控制目标

(5)设备安装质量控制目标

(6)其他说明

2.质量控制的工作流程与措施

(1)工作流程图

(2)质量控制的具体措施

①质量控制的组织措施

建立健全监理组织,完善职责分工及质量监督制度,落实质量控制的责任。

②质量控制的技术措施

设计阶段,协助设计单位开展优化设计和完善设计质量保证体系;

材料设备供应阶段,通过质量价格比选,正确选择生产供应厂家,并协助其完善质量保证体系;

施工阶段,严格事前、事中和事后的质量控制措施。

③质量控制的经济措施及合同措施

严把质量验收关,不符合合同规定质量要求的拒付工程款;达到质量优良者,支付质量补偿金或奖金等。

3.质量目标实现的风险分析

4.质量控制状况的动态分析

5.质量控制表格

（四）合同管理

1. 合同结构

可以合同结构图的形式表示。

2. 合同目录一览表

3. 合同管理的工作流程与措施

（1）工作流程图

（2）合同管理的具体措施

4. 合同执行状况的动态分析

5. 合同争议调解与索赔程序

6. 合同管理表格

（五）信息管理

1. 信息流程图

2. 信息分类表

3. 信息管理的工作流程与措施

（1）工作流程图

（2）信息管理的具体措施

4. 信息管理表格

（六）组织协调

1. 与工程项目有关的单位

（1）项目系统内的单位

主要有工程业主、设计单位、施工单位、材料和设备供应单位、资金提供单位等。

（2）项目系统外的单位

主要有政府管理机构、政府有关部门、毗邻单位、社会团体等。

2. 协调分析

（1）项目系统内相关单位协调重点的分析

（2）项目系统外相关单位协调重点的分析

3. 协调工作程序

（1）投资控制协调程序

（2）进度控制协调程序

（3）质量控制协调程序

（4）其他方面协调程序

4. 协调工作表格

五、监理组织

（一）监理组织机构

项目监理组织机构可用组织机构图表示。

（二）监理人员名单

（三）职责分工

1. 项目监理组织职能部门的职责分工
2. 各类监理人员的职责分工

六、项目监理工作制度

（一）项目立项阶段

1. 可行性研究报告评审制度
2. 工程框算审核制度
3. 技术咨询制度

（二）设计阶段

1. 设计大纲、设计要求编写及审核制度
2. 设计委托合同管理制度
3. 设计咨询制度
4. 设计方案评审制度
5. 工程估算、概算审核制度
6. 施工图纸审核制度
7. 设计费用支付签署制度
8. 设计协调会及会议纪要制度
9. 设计备忘录签发制度等

（三）施工招标阶段

1. 招标准备工作有关制度
2. 编制招标文件有关制度
3. 标底编制及审核制度
4. 合同条款拟订及审核制度
5. 组织招标实务有关制度等

（四）施工阶段

1. 施工图纸会审及设计交底制度
2. 施工组织设计审核制度
3. 工程开工申请制度
4. 工程材料、半成品质量检验制度
5. 隐蔽工程分项（部）工程质量验收制度
6. 技术复核制度
7. 单位工程、单项工程中间验收制度
8. 技术经济签证制度
9. 设计变更处理制度
10. 现场协调会及会议纪要签发制度
11. 施工备忘录签发制度

12. 施工现场紧急情况处理制度
13. 工程款支付签审制度
14. 工程索赔签审制度等

（五）项目监理组织内部工作制度
1. 监理组织工作会议制度
2. 对外行文审批制度
3. 建立监理工作日志制度
4. 监理周报、月报制度
5. 技术、经济资料及档案管理制度
6. 监理费用预算制度等

小　　结

工程建设监理工作文件是指监理单位投标时编制的监理大纲、监理合同签订以后编制的监理规划和专业监理工程师编制的监理实施细则。监理大纲是使建设单位认可监理大纲中的监理方案，是工程建设委托监理合同的重要组成部分，同时也是建设单位监督检查监理工程师工作的依据。监理大纲的编制人员应当是监理单位经营部门或技术管理部门人员。监理规划的编制必须依据工程监理单位投标时的监理大纲。工程监理单位在编写大纲时，一定要措辞严密，表达清楚，明确自己的责任与义务。

【案例分析】

某监理公司承担了一个工程项目的全过程全方位的监理工作。在讨论制定监理规划的会议上，监理单位人员对编制监理规划提出了构思。以下是其一部分内容：

一、你认为以下哪一项是错误的？
1. 建设监理规划必须符合监理大纲的内容。
2. 建设监理规划必须符合监理合同的要求。
3. 建设监理规划必须结合项目的具体实际。
4. 建设监理规划的作用应为监理单位的经营目标服务。
5. 监理规划的依据包括政府部门的批文、国家和地方的法律、法规、规范、标准等。
6. 建设监理规划应对影响目标实现的多种风险进行分析，并考虑采取相应的措施。

二、判断以下说法的对错
1. 建设监理规划应在监理合同签订以后编制。
2. 在项目的设计、施工等实施这程中，监理规划作为指导整个监理工作的纲领性文件，不能修改和调整。
3. 建设监理规划应由项目总监主持编制，是项目监理组织有序地开展监理工作的依据和基础。
4. 建设监理规划中必须对项目的三大目标进行分析论证，并提出保证的措施。

思 考 题

1. 工程建设监理规划的作用是什么？
2. 监理规划有哪几种？其作用与关系如何？
3. 工程监理规划编写的依据是什么？
4. 工程建设监理规划的内容包括哪些？

第四章 工程建设项目投资控制

工程建设项目投资控制是指在工程项目的各个阶段开展监理活动,实现工程项目实际投资不超过计划投资。本章首先介绍了工程建设项目投资的构成、原则。然后,探讨了工程设计阶段的投资控制、招标阶段的投资控制、施工阶段的投资控制、工程建设项目竣工决算等内容。

第一节 工程建设项目投资控制概述

一、工程建设项目投资控制的概念

工程建设项目投资的有效控制是工程建设项目管理的重要组成部分。工程建设项目投资控制是在工程建设项目决策阶段、设计阶段、承发包阶段和建设实施阶段,把投资的发生控制在批准的投资限额以内,随时纠正发生的偏差,以保证工程建设项目投资管理目标的实现,有效地使用人力、物力、财力,取得较好的投资效益和社会效益。

二、工程建设项目投资的构成

我国现行工程建设项目投资的构成见图 4-1。
（一）建筑安装工程费
建筑安装工程费是指用于建筑工程和安装工程的费用。建筑工程包括一般土建工程、采暖通风工程、电气照明工程、工业管道工程、特殊构筑物工程。安装工程包括机械设备安装工程、电气设备安装工程、热力设备安装工程、化学工业设备安装工程等。建筑安装工程费用包括：直接工程费、间接费、计划利润和税金。
（二）设备工器具购置费
设备工器具购置费是指为项目购置或自制达到固定资产标准的设备和新、扩建项目配置的首批工器具及生产家具所需的费用,包括生产设备、辅助设备、"三废"治理设备、服务性设备等设备费用。
（三）工程建设其他费
工程建设其他费内容较多,见图 4-2。

图 4-1 工程建设项目投资构成

（四）预备费

预备费包括基本预备费和调整预备费。

1. 基本预备费，指在投资估算时难以预料的工程和费用增加，设计变更、局部地基地处理等增加的费用，一般自然灾害造成的损失和预防自然灾害所采取的措施费用、竣工验收时为鉴定工程质量对隐藏工程进行必要的挖掘和修复费用等。

2. 调整预备费，指项目在建设期内由于物价上涨、汇率变化等因素影响而需要增加的费用。

（五）固定资产投资方向调节税

固定资产投资方向调节税是为了贯彻国家产业政策，控制投资规模，调整投资结构，加强重点建设，引导投资在地区和行业间的有效配置而开征的税收。

（六）建设期贷款利息

建设期贷款利息是指投资项目在建设期间固定资产投资借款的应计利息。建设期利息应按借款要求和条件计算。国内银行借款按现行贷款利率计算，国外贷款利息根据协议书或贷款意向书确定的利率按复利计算。

（七）铺底流动资金

流动资金是指用以购买企业生产所需的原材料、燃料、动力等劳动对象和支付职工劳动报酬的周转资金。流动资金可分为储备资金、生产资料和成品资金、结算及货币资金。

三、工程建设项目投资控制的原则

（一）必须分阶段设置明确的投资控制目标

控制是为了确保目标的实现，没有目标，控制也就失去意义了。目标的设置是很严肃

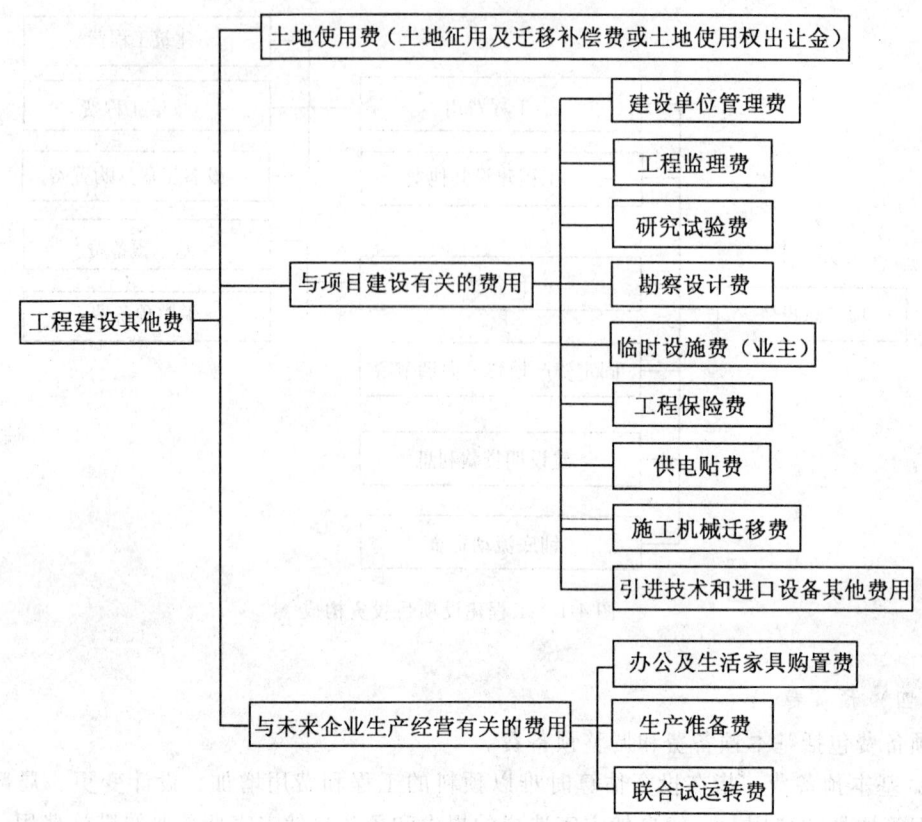

图 4-2 工程建设其他费用的构成

的,并要有科学的依据。

工程项目建设过程是一个周期长、数量大的生产消费过程,建设者在一定时间内所拥有的知识经验是有限的,不但常常受技术等条件的限制,而且也受客观过程的发展及其表现程度的限制,因而在工程项目的开始就设置一个科学的、一成不变的投资估算是很困难的。随着工程建设的实践、认识、再实践、再认识,投资控制目标一步步清晰、准确,从而形成设计概算、施工图预算、承包合同价等。也就是说,工程项目投资控制目标应是随着工程项目建设实践的不断深入而分阶段设置的。具体地讲,投资估算应是设计方案选择和进行初步设计的投资控制目标;设计概算应是进行技术设计和施工图设计的投资控制目标;设计预算或建设安装工程承包合同价则应是施工阶段控制建设安装工程投资的目标。有机联系的阶段目标相互制约,相互补充,前者控制后者,后者补充前者,共同组成项目投资控制的目标系统。

分阶段设置的投资控制目标要既有先进性又有实现的可能性,目标水平要能激发执行者的进取心和充分发挥他们的工作能力。

(二)投资控制贯穿于以设计阶段为重点的建设全过程

项目投资控制贯穿于项目建设全过程,这一点是没有疑义的,但是必须重点突出。图4-3是不同建设阶段影响项目投资程度的坐标图。从该图可看出,对项目投资影响最大的

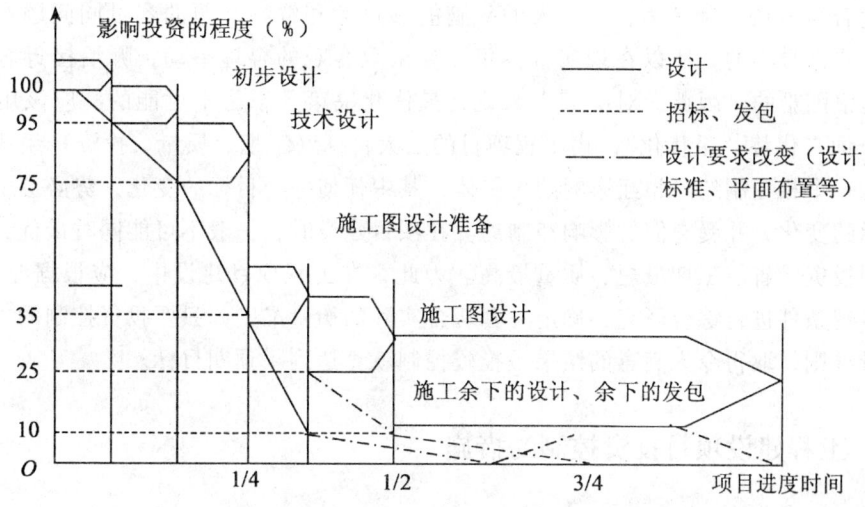

图 4-3　不同建设阶段影响项目投资程度的坐标图

阶段,是约占工程项目建设周期 1/4 的技术设计结束前的工作阶段。在初步设计阶段,影响项目投资的可能性为 75%～95%;在技术设计阶段,影响项目投资的可能性为 35%～75%;在施工图设计阶段,影响项目投资的可能性则为 5%～35%。很显然,项目投资控制的关键在于施工前的投资决策和设计阶段,而在项目做出投资决策后,控制项目投资的关键就在于设计。要想有效控制工程项目投资,就要坚决地把工作重点放在建设前期,尤其是抓住设计这个关键阶段。

(三)采取主要控制,能动地影响投资决策

工程建设项目投资控制应立足于事先主动采取措施,尽可能地减少目标值与实际值的偏离,这是主动的、积极的控制方法。如果仅仅是机械的比较目标值与实际值,当实际值偏离目标值时,分析其产生偏差的原因,并确定下一步的对策,这种按部就班的被动控制虽然在工程建设中也有其存在的实际意义,但它不能使已产生的偏差消失,不能预防可能发生的偏差。所以,我们的项目投资控制应采取主动、积极的控制方法。要能动地去影响投资决策,影响设计、发包和施工。

(四)技术与经济相结合是控制项目投资的有效手段

技术与经济的脱节,工程技术人员与财会、概算人员单纯从各自角度出发,对工程进展中各种关系处理不当,是难以有效地控制项目投资的。因此,在工程项目建设过程中要把技术与经济有机的结合,通过技术比较、经济分析和效果评价等方法,正确处理技术先进与经济合理两者之间的对立统一关系,力求在技术先进条件下的经济合理,在经济合理基础上的技术先进,以提高项目投资效益为目的,把控制项目投资观念渗透到各项设计和施工技术措施之中。

(五)遵循"最适合"原则控制项目投资

传统的决策理论是建立在绝对逻辑基础上的一种封闭式决策模型,它把人看作具有"绝对理性的人"或"经济人",在决策时,会本能地遵循最优化原则(即影响目标的各种因素的最有利的值）来选择方案。由美国经济学家西蒙首创的现代决策理论的核心则是"最适合"准则。他认为，由于人的头脑能够思考和解答问题的容量同问题本身规模相比较是非常渺小的，所以在现实世界里，要采取客观的合理举动，哪怕接近客观合理性，也是很困难的。因此，对决策人来说，最优化决策几乎是不可能的。应该用"最适合"这个词来代替"最优化"。由工程项目的三大目标（工期、质量、投资）组成的目标系统，是一个相互制约、相互影响的统一体，其中任何一个目标的变化，势必会引起另外两个目标的变化，并受它们的影响和制约。在项目建设时，一般不可能同时最优，即不能同时做到投资最省、工期最短、质量最高。为此，在工程项目建设中，应根据业主要求、建设的客观条件进行综合研究，确定一套切合实际的衡量准则，只要投资控制的方案符合这套衡量准则，取得令人满意的结果，投资控制就算达到了预期目标。

四、工程建设项目投资控制的措施

（一）组织措施

建立投资控制组织保证体系，有明确的项目组织机构，使投资控制有专门机构和人员管理，任务职责明确，工作流程规范化。

（二）技术措施

把价值工程的概念应用于设计、施工阶段，进行多方案选择。严格审查初步设计、施工图设计、施工组织设计和施工方案，严格控制设计变更，研究采取相应的有效措施来达到节约投资的目的。

（三）经济措施

推行经济承包责任制，将计划目标进行分解，动态地分析和比较工程投资的计划值与实际支出值，对各项费用的审批和支付严格把关，对节约投资的方法采取奖励措施。

（四）合同措施

通过合同条款的制定，明确设计、施工阶段的工程投资控制目标，使其不突破计划目标值。

（五）信息管理

加强投资信息管理，定期进行投资对比分析；采用计算机辅助工程项目的投资控制管理。

第二节 工程设计阶段的投资控制

一、设计概算的审查

设计概算的审查，有利于合理分配资金，加强投资计划管理。监理工程师按照审查的方式和步骤，对设计概算进行认真细致的审查，以便准确地确定工程造价，为工程建设项目投资的落实和实施中的投资控制提供可靠的依据。

（一）单位工程概算的审查

审查单位工程概算，先要熟悉各地区和各部门编制概算的有关规定，了解其项目划分及其取费规定，掌握其编制依据、程序和方法；然后要从技术经济指标入手，选好审查重点，依次进行。

1. 建筑工程概算的审查

（1）工程量的审查。根据初步设计图纸、概算定额、工程量计算规划和施工组织总设计的要求进行审查。

（2）采用的定额或指标的审查。这包括定额或指标的适用范围，定额基价或指标的调整，定额或指标中缺项的补充。其中，进行定额或指标的补充时，要求补充定额的项目划分、内容组成、编制原则等要与现行的定额精神一致。

（3）材料价格的审查。要着重对材料原价和运输费用进行审查。为有效地做好价格的审查工作，要根据设计文件确定材料耗用量，以耗用量大的主要材料作为审查重点。

（4）各项费用审查。审查时，综合项目特点，搞清各项费用所包含的具体内容，避免重复或遗漏。取费标准根据国家有关部门或地方规定标准执行。

2. 设备及安装工程概算的审查

审查设备及安装工程概算时，应把注意力集中到设备清单和安装费用的计算方面。

（1）标准设备原价的审查。原价一般指的是制造厂的出厂价，计算时一般按带有备件的出厂价计算。

（2）非标准设备原价的审查。包括价格的估算依据、估计方法等。同时还要分析研究影响非标准设备估价准确度的有关因素及价格变动规律，提高审查工作的质量。

（3）设备运杂费的审查。设备运杂费一般按主管部门或地方规定的标准执行，如果设备价格中已包括包装和供销部门手续费的，不应重复进行计算。

（4）进口设备费的审查。根据设备费用各组成部分及我国有关部门不同时期的规定进行审查。

设备安装工程概算的审查，包括编制方法、编制依据等，当采用预算单价或扩大综合单价计算安装费用时，要审查采用的各种单位是否合适，计算的安装量是否符合规则要求，是否准确无误；当采用概算指标计算安装费用时，要审查采用的概算指标是否合理，计算结果是否达到精度要求。另外，还要审查计算安装费的设备数量及种类是否符合设计要求，避免一些不需要安装的设备也计算其安装费。

（二）综合概算和总概算的审查

1. 审查概算的编制是否符合政策、法规的要求

根据工程所在地的外部环境，坚持实事求是的原则，反对大而全、铺张浪费和弄虚作假，不许任意扩大投资额或留有缺口。

2. 审查概算文件的组成

概算文件反映的设计内容必须完整，概算包括的工程项目必须按照设计要求确定，设计文件内的项目不能遗漏，设计文件外的项目不能列入。还要审查概算所反映的建设规模、建筑结构、建筑面积、建筑标准、总投资是否符合设计任务书和设计文件的要求；非

生产性建设项目是否符合规定的面积和定额，是否采用合理的结构和材料；概算投资是否完整地包括建设项目从筹建到竣工投产的全部费用等。

3. 审查总图设计和工艺流程

（1）总图布置应根据生产和工艺的要求，全面规划，紧凑合理。

（2）按照生产要求和工艺流程合理安排工程项目。

4. 审查经济效果

概算是设计的经济反映，对投资的经济效果要进行全面考虑，不仅看投资的多少，还要看社会效果，并从建设、周期、原材料来源、生产条件、产品销路、资金回收和盈利等因素综合考虑，全面衡量。

5. 审查项目的"三废"治理

设计项目必须同时安排"三废"（废水、废气、废渣）的治理方案和投资，对于未作安排或漏列项目，应按国家规定列入项目内容和投资。

6. 审查一些具体项目

（1）审查各项技术经济指标是否满足生产的要求。

（2）审查建筑工程费。生产性建设项目的建筑面积和造价指标要根据设计要求和同类工程计算确定，努力做到生产项目和辅助生产项目相适应，建筑面积和工艺设备安装相吻合。对非生产性项目要按照国家和所在地区的主管部门规定的建筑标准，审查建筑面积和造价指标。

（3）审查设备及安装工程费。审查设备数量是否符合设计要求，详细核对设备清单，防止采购计划外设备和设备的规格、数量、种类不匹配；审查设备价值的计算是否符合规定，标准设备的价格与国家规定的价格是否相符，非标准设备的价格计算的依据是否合理；安装工程费要与需要安装的设备相符合，不能只列设备费而不列安装费，或只列安装费而不列设备费。安装工程费必须按国家规定的安装工程概算定额或概算指标计算。

（4）审查各项其他费用。这一部分费用包括的内容较多，要按照国家和地区的规定，逐项详细审查，不属于基建范围内的费用不能列入概算。没有具体规定的费用要根据实际情况核实后再列入。

二、推行限额设计

限额设计就是按照批准的设计任务书及投资估算控制初步设计，按照批准的初步设计总概算控制施工图设计，同时各专业在保证达到使用功能的前提下，按分配的投资限额控制设计，严格控制技术设计和施工图设计的不合理变更，保证总投资限额不被突破。

在工程项目建设过程中，采用限额设计是我国工程建设领域控制投资、有效使用建设资金的有力措施。限额设计包含了尊重实际、实事求是、精心设计和保证设计科学性的实际内容，限额设计体现了设计标准、规模、原则的合理确定及有关概预算基础资料的合理取定，通过层层限额设计，实现对投资限额的控制与管理，同时实现对设计规模、设计标准、工程量与概预算指标等各个方面的控制。

（一）限额设计的纵向控制

大中型工业建设项目涉及面广，且受地质、地形、水文和气象等客观条件的影响。因此，随着不同勘察设计阶段的深入，即从可行性研究、初步勘察、初步设计、详细勘察、技术设计直到施工图设计，限额设计必须贯穿到各个阶段，而在每一阶段中又必须贯穿于各专业的每道工序。在每个专业、每道工序中都要把限额设计作为重点工作内容。明确限额目标，实行工序管理。各个专业限额的实现，是实现总限额的保证。

1. 初步设计控制的重点

初步设计阶段要重视方案选择，在设计任务书批准的投资限额内，进一步落实投资的可能性，初步设计应该是多方案比较选择的结果，是项目投资估算的进一步具体化。在初步设计开始时，项目总设计师应对设计任务书的设计原则、建设方针和各种费用指标进行技术经济方案比选，要研究实现设计任务书中投资限额的可能性。特别是注意对投资有较大影响的因素，并将任务与规定的投资限额分专业下达到设计人员，促使设计人员进行多方案比选，克服只管画图，不算经济账的现象。

2. 施工图设计控制的要点

设计单位的最终产品是施工图，它是指导工程建设的主要文件，建设部门要掌握施工图设计造价变化情况，要求施工图设计造价严格控制在批准的概算以内，并有所节约。

施工图设计必须严格按照批准的初步设计所确定的原则、范围、内容及项目投资额进行，但初步设计毕竟受外部客观条件的限制和人们主观认识的局限，往往会造成施工图设计阶段直至施工过程中的局部修改、变更，因此会引起概算的变化。

这种变化在一定范围内是允许的，但它必须经过核算和调整，使设计、建设更趋完善，投资更加合理。

3. 加强设计变更管理

对非发生不可的变更，应尽量提前进行，变更发生得越早，由此所造成的损失就越小，反之，损失就越大。如果在设计阶段变更，只需修改图纸，其他费用尚未发生，损失有限；如果在采购阶段变更，则不仅要修改图纸，设备材料还必须重新订购；若在施工过程中变更，除上述费用外，已施工部分还须拆除，势必造成更大的损失。为此要建立相应的设计管理制度，尽可能把设计变更控制在设计阶段。对影响工程造价的重大设计变更，要用先算账后变更的办法解决，使工程造价得到有效控制。

4. 树立动态管理观念

长期以来，编制概算习惯于算死账，套定额，乘费率，基本上属于静态管理。为了在工程建设过程中体现物价指数变化引起价差因素的变化，应当在设计概算、预算中引入原值、现值、终值三个不同的概念。所谓原值，是指在编制估算、概算时，根据当时价格预计的工程造价，不包括价差因素；所谓现值，是指在工程批准开工年份，按当时的价格指数对原值进行调整后的工程造价，不包括以后年度的价差；所谓终值，是指将工程开工后分年度投资各自产生的不同价差叠加到现值中所计算的工程造价。

为了排除价格上涨对限额设计的影响，限额设计指标均以原值为准，设计概算、预算的计算均采用投资估算或造价指标所依据的同年份的价格。

（二）限额设计的横向控制

限额设计的横向控制的主要工作就是健全和加强设计单位以及设计单位内部的经济责任制，经济责任制的核心则在于正确处理责权利三者之间的关系。在三者关系中，责任是核心，必须明确设计单位以及内部各专业科室对限额设计所负的责任。为此，要建立设计部门内各专业投资分配考核制度，设计开始前按照设计过程的估算、概算、预算的不同阶段，将工程投资按专业进行分配，并分段考核，哪一专业突破控制造价指标，就应首先分析突破原因，用修改设计的方法解决。问题发生在哪一阶段，就消灭在哪一阶段。责任的落实越接近个人，效果就越好。责任者应具有相应权力是履行责任的前提，为此，就应赋予设计单位及内部各科室、设计人员对所承担设计的相应决定权，所赋予的权力要与责任者履行的责任相一致。责任者的利益是促使其认真履行其责任的动力，为此要建立起限额设计的奖惩机制。

三、推广标准设计

设计标准是国家的重要技术规范，是进行工程建设勘察、设计、施工及验收的重要依据，各类建设的设计都必须制订相应的标准规范。标准设计（也称定型设计、通用设计、复用设计）是工程建设标准化的组成部分，各类工程建设的构件、配件、零部件，通用的建筑物、构筑物、公用设施等，只要有条件的都应编制标准设计，推广使用。

（一）增强标准设计意识

工程建设标准规范和标准设计，来源于工程建设实践经验和科研成果，是工程建设必须遵循的科学依据。大量成熟的、行之有效的实践经验和科技成果纳入标准规范和标准设计加以实施，就能在工程建设活动中得到普遍有效的推广使用。无疑这是科学技术转化为生产力的一条重要途径。另一方面，工程建设标准规范又是衡量工程建设质量的尺度，符合标准规范质量就合格，否则就不合格。抓设计质量，设计标准规范必须先行。设计标准规范一经颁布，就是技术法规，在一切工程设计工作中都必须执行。标准设计一经颁发，建设单位和设计单位要因地制宜地积极采用，无特殊理由不得另行设计。

（二）标准设计包括的范围

经国家或地方政府批准的建筑、结构和构件等整套标准技术文件图纸，称为标准设计，各专业设计单位按照专业需要自行编制的标准设计图纸，称为通用设计。标准设计包括的范围有：

1. 重复建造的建筑类型及生产能力相同的企业、单独的房屋构筑物，都应采用标准设计或通用设计。
2. 对不同用途和要求的建筑物，按照统一的建筑模数、建筑标准、设计规范、技术规定等进行设计。
3. 当整个房屋或构筑物不能定型化时，则应把其中重复出现的部分，如房屋的建筑单元、节间和主要的结构节点构造，在构配件标准化的基础上定型化。
4. 建筑物和构筑物的柱网、层高及其他构件参数尺寸的统一化。
5. 建筑物采用的构配件应力求统一化，在基本满足使用要求和修建条件的情况下，尽可能地具有通用互换性。

（三）推广标准设计的意义

推广标准设计有益于较大幅度地降低工程造价，取得良好的技术经济效果。

1. 节约设计费用，大大加快提供设计图纸的速度，缩短设计周期。

2. 构件预制厂生产标准件，使工艺定型，易提高工人技术水平，从而提高劳动生产率；有利于统一配料，节约材料，使构配件生产成本大幅度降低；也有利于组织均衡生产，不断提高工业化水平。

3. 可以使施工准备工作和定制预制构件等工作提前进行，并能大大加快施工进度，既有利于保证质量，又能降低建筑安装工程费用。

4. 标准设计是按通用性条件编制的，是按规定程序批准的，可供大量重复使用，既经济又合理。标准设计能较好地贯彻执行国家的技术经济政策，密切结合自然条件和技术发展水平，合理利用能源、资源，较充分地考虑了施工、生产、使用和维修的要求，便于工业化生产。因此，标准设计的推广，一般都能使工程造价低于个别设计的工程造价。

总之，在工程设计阶段正确处理技术与经济的对立统一关系，是控制项目投资的关键环节。既要反对片面强调节约、忽视技术上的合理要求，使建设项目达不到预定的使用功能的倾向，又要反对重技术轻经济、设计保守、脱离国情的倾向。尤其在当前，我国建设资金紧缺，各建设项目普遍投资失控（概算超估算、预算超概算、决算超预算）的情况下，更要加强控制。设计单位和设计人员必须树立经济核算的观念，克服只管出图不问经济、保守浪费、脱离国情的倾向。设计人员要和工程经济人员密切配合，严格按照设计任务书规定的投资估算做好多方案的技术经济比较，在批准的设计概算限额以内，在降低和控制项目上下功夫。工程经济人员在设计过程中应及时地对该项目进行投资分析对比，反馈造价信息，能动地影响设计，以保证有效的控制投资。

第三节 工程建设招投标阶段的投资控制

一、建设工程招投标计价方法

工程建设合同根据计价方式的不同分为总价合同、单价合同和成本加酬金合同等多种。招标标底和投标报价由成本、利润和税金构成。其编制可以采用工料单价法和综合单价法两种计价方法。

（一）工料单价法

工料单价法，采用分部分项工程量的单价为直接费单价。直接费以人工、材料、机械的消耗量及其相应价格确定。其他直接费、现场经费、间接费、利润、税金按照有关规定另行计算。

（二）综合单价法

工程量清单的单价，即分部分项工程量的单价为全费用单价，它综合了工程直接费、间接费、利润、税金等一切费用。全费用单价综合计算完成单位分部分项工程所发生的所有费用，包括直接费、间接费、利润和税金等。工程量乘以综合单价就得到分部分项工程的造价费用，再将各个分部分项工程的造价费用加以汇总就得到整个工程的总建造费用，即工程标底价格。

二、工程建设招标标底价格的确定

（一）标底价格的编制

1. 标底的概念

标底是指招标人根据招标项目的具体情况，确定的完成招标项目所需的全部费用，是依据国家规定的计价依据和计价办法计算出来的工程造价，是招标人对建设工程的期望价格。

2. 标底的编制方法

当前，建筑安装工程招标的标底，主要以工程量清单、施工图预算、工程概算、扩大综合定额、平方米造价包干等为基础来编制。

（二）标底价格的审查

对于实行招标承包的工程项目，若不重视标底的审查工作，承受招标风险的首先是业主，因此，必须认真对待标底价格，加强对标底价格的审查，保证标底的准确、严谨、严肃和科学。

1. 审查标底的编制原则

在标底的审查过程中，应注意审查标底编制时是否遵循了以下原则：

（1）根据国家统一工程项目划分、计量单位、工程量计算规则以及设计图纸、招标文件，并参照国家、行业或地方批准发布的定额和国家、行业、地方规定的技术标准规范以及要素市场价格确定工程量和编制标底。

（2）标底作为招标人的期望价格，应力求与市场的实际变化相吻合，要有利于竞争和保证工程质量。

（3）标底应由直接工程费、间接费、利润、税金等组成，一般应控制在批准的建设工程投资估算或总概算（修正概算）以内。

（4）标底应考虑人工、材料、设备、机械台班等价格变化因素，还应包括管理费、其他费用、利润、税金以及不可预见费、预算包干费、措施费（赶工措施费、施工技术措施费）、现场因素费用、保险等。采用固定价格的还应考虑工程的风险金等。

（5）一个工程只能编制一个标底。

（6）招标人不得以各种原因任意压低标底价格。

（7）工程标底价格完成后应及时封存，在开标前应严格保密，所有接触过工程标底价格的人员都负有保密责任，不得泄露。

2. 审查标底的编制依据

审查标底编制的依据是否恰当。工程标底价格的编制主要依据以下基本资料和文件：

（1）国家的有关法律、法规以及国务院和省、自治区、直辖市人民政府建设行政主管部门制定的有关工程造价的文件、规定。

（2）工程招标文件中确定的计价依据和计价办法，招标文件的商务条款，包括合同条件中规定由工程承包方应承担的可能发生的费用，以及招标文件的澄清、答疑等补充文件和资料。在标底价格计算时，计算口径和取费内容必须与招标文件中有关取费等的要求一致。

（3）工程设计文件、图纸、技术说明及招标时的设计交底，按设计图纸确定的或招标人提供的工程量清单等相关基础资料。

（4）国家、行业、地方的建设工程标准，包括建设施工必须执行的建设技术标准、规范和规程。

（5）采用的施工组织设计、施工方案、施工技术措施等。

（6）工程施工现场地质、水文勘探资料，现场环境和条件及反映相应情况的有关资料。

（7）招标时的人工、材料、设备及施工机械台班等的要素市场价格信息，以及国家或地方有关政策性调价文件的规定。

3. 审查标底的编制范围

标底编制时其范围包括：

（1）必须按招标文件所包含的工作内容及工程量清单的项目，进行单价和总价分析，确定分项单价、项目合价和标底总价。

（2）按招标文件规定，列出开工、竣工日期及控制性工期等。

（3）按招标项目计算出总用工数、平均用工数及高峰用工数。

（4）确定主要材料的消耗量和水、电用量。

（5）确定主要施工机械的需用量和台班使用量（根据工程的复杂程度和招标需要而定）。

4. 标底价格审查的内容

标底审查时可以从以下几方面展开：

（1）工程量的审查。着重审查主要项目的工程量是否大致合理，可先从单位面积指标的含量判断各项混凝土（如地面、屋面、天棚、门窗、主要装饰工程）的每平方米含量是否相称，各有关项目间的数量是否相称以及有无漏项目等，若发现问题再作重点深入的细审。

（2）单价的审查。着重审查套用定额是否正确，换算是否恰当，补充单价是否合理，采用的实际材料、设备价格是否有偏高、偏低情况。

（3）经费及调价的审查。主要审查调价及经费有无不当或遗漏之处。

（4）各种包干费用和主要材料指标的审查。主要审查包干费用是否合理，主要材料指标是否有偏高、偏低情况等。

（5）标底造价的审查。着重审查各单位工程单方造价是否合理，总造价是否符合实际等。

三、工程建设施工评标和定标

监理工程师在招投标阶段除具有编制招标文件和标底的能力和技巧外，还必须掌握正确的评标定标的原则和科学的评标定标方法；正确地选择中标单位。

（一）投标期间对投标人的非技术审查

1. 投标人资格审查

对投标人资格审查包括：生产能力保证程度；施工质量保证程度；建筑物竣工使用的质量保证水平；资金周转的保证程度。

2. 投标文件的审查

内容包括：开标后，检查投标文件有无计算错误，核对计算上的准确性，合计以大写为准；对不满足招标文件的实质性要求，缺乏竞争力的投标，监理工程师可以拒绝；对投标人的资格补审有针对性地检查。

（二）施工投标的评标和定标过程

1. 评定报价的一般原则

（1）评定报价的主要依据是投标在技术上的可能性和经济上的合理性。

（2）评定报价的目的是评定每项投标的费用，从而可在估价费用的基础上比较各项投标。

（3）对投标评定报价的项目必须与招标文件中规定的报价项目相一致。

（4）剔除任何比最低的 2 至 3 个报价的平均数高出 20% 以上的报价，可以认为其不具备竞争性，不再予以考虑。

2. 评标定标的方法及步骤

评标定标实际上是一个方案多目标决策过程。这里根据以往评标定标的做法和系统工程原理提出一个多指标综合评价方法，分以下几个步骤进行：

（1）确定评标定标目标。报价合理是评标定标的主要依据之一，选择报价最佳的承包单位是评标定标的主要目标之一，但并非唯一的目标，还应该包括按照评标定标中选择中标单位的标准确立的保证质量、工期适当、企业信誉良好等若干目标。在具体项目中究竟要确定几个评标定标目标，要根据具体项目的实际情况由专家研究确定。评标定标的目标应在招标时事先明确，并写在招标文件中。

（2）实现评标定标目标的量化。有些评标定标目标过于原则、笼统（尤其某些目标是定性的），在评标定标中很难把握，可以用一个或几个指标把这样的评标定标目标进行量化。

（3）确定各评标定标目标（指标）的相对权重。各评标定标目标（指标）对不同的工程项目或发包单位选择承包单位的影响程度是不同的。盈利性的建筑和生产用户（厂房、车间、旅馆、商店等），一般侧重在工期上，如果能比国家规定的工期或标底工期提前竣工交付使用，则可给招标单位带来经济效益。对无营业收入的建筑工程（如行政办公楼、学生宿舍、职工住宅等）则可能侧重造价，以节约投资。对一些公共建筑如展览馆、礼堂、体育馆可能偏重质量，保证工程结构安全、美观，因此就需要给出各评标定标目标（指标）的相对权数。相对权数根据各目标（指标）对工程项目重要性的影响程度组织专家来确定。

（4）用单个评标定标目标（指标）对投标单位进行初选。在实践中，往往是为了工作简便，先用单个评标定标目标（指标）对投标单位进行初选。首先给出某个评标定标目标（指标）上下界限。若哪个投标单位超出这个界限就被剔除。

（5）对投标单位进行多指标综合评价。经初选后，即可对未被剔除的投标单位进行多指标综合评价。

3. 评价报告

经过以上步骤以后，监理工程师要编制评价报告，向建设方推荐合理的报价和投标商。

评价报告通常由评价总情况、对每份报价书的技术经济分析、作为分析依据的各种计算明细表等资料三部分组成。

第四节　工程建设施工阶段的投资控制

一、资金使用计划的编制

投资控制的目的是为了确保投资目标的实现。因此，监理工程师必须编制资金使用计划，合理地确定项目投资控制目标值。

（一）投资目标的分解

资金使用计划编制过程中的重要步骤是项目投资目标的分解，可以分为以下三种类型：

1. 按投资构成分解的资金使用计划。工程项目的投资一般可以分解为建筑工程投资、安装工程投资、设备工器具购置投资以及工程建设其他投资。各种投资构成还可以进一步分解。在按项目投资构成分解时，可以根据以往的经验和建立的数据库来确定适当的比例，必要时也可以做一些适当的调整。按投资的构成来分解的方法比较适合于有大量经验数据的工程项目。

2. 按子项目分解的资金使用计划。大中型的工程项目通常是由若干个单项工程构成的，而每个单项工程包括了多个单位工程，每个单位工程又是由若干个分部分项工程所组成。因此，首先要把项目总投资分解到单项工程和单位工程；然后，对各单位工程的建筑安装工程费用还需要进一步分解，在施工阶段一般可分解到分部分项工程。在完成投资项目分解工作之后，要具体分配投资，编制工程分项的投资支出预算。

3. 按时间进度分解的资金使用计划。工程项目的投资总是分阶段、分期支出的，资金应用是否合理与资金的时间安排有密切关系。

为了编制项目资金使用计划，并据此筹措资金，尽可能减少资金占用和利息支出，有必要将项目总投资按其使用时间进行分解，编制按时间进度的资金使用计划。通过对项目活动进行分解，进而编制网络计划，利用确定的网络计划便可计算各项活动的最早开工以及最迟开工时间，在此基础上便可编制按时间进度划分的投资支出预算。其表达方式有两种：一种是在总体控制时标网络图上表示；另一种是利用时间—投资累计曲线（S 曲线）表示。可视项目投资额大小及施工阶段时间的长短按月或旬分配投资。

（二）投资编码系统

所谓投资编码系统，就是在投资目标分解的基础上，对每一工作单元自上而下实施统一编码，形成一个与投资目标分解体系相适应的编码体系。在编码的过程中应遵循编码的唯一性，编码的同类性，编码的可扩充性，便于查询，检索和汇总，反映特定项目的特点和需要，与投资目标分解的原则和体系相一致等原则。

（三）资金使用计划的形式

1. 资金使用计划表。在完成工程项目投资目标分解之后，具体地分配各子项目投资，编制工程分项的投资支出计划，从而得到详细的资金使用计划表。

2. 时间—投资累计曲线。通过对项目投资目标按时间进行分解，在网络计划基础上可获得项目进度计划的横道图，从而编制资金使用计划。

3. 综合分解资金使用计划表。将投资目标的不同分解方法相结合，会得到更为详尽、有效的综合分解资金使用计划表。

二、工程量计量

监理工程师必须对已完的工程进行计量，经过监理工程师计量所确定的数量是向承包商支付任何款项的凭证。

（一）工程计量的原则

1. 计量的项目必须是合同中规定的项目。
2. 计量项目应确属完工或正在施工项目的已完成部分。
3. 计量项目的质量应达到合同规定的技术标准。
4. 计量项目的申报资料和验收手续齐全。
5. 计量结果必须得到监理工程师和承包商双方的确认。
6. 计量方法必须与工程量清单编制时采用的方法一致。
7. 监理工程师的公正计量结果在计量中具有权威性。

（二）工程计量的依据

1. 质量合格证书。对承包方已完成的工程并不全部进行计量，而只是质量达到合同标准的已完工程才予以计量。所以，工程计量必须与质量监理紧密配合，经过监理工程师检验，工程质量达到合同规定的标准后，由监理工程师签发中间交工证书（质量合格证书）后，才予以计量。

2. 工程量清单说明和技术规范。

3. 修订的工程量清单及工程变更指令。

4. 监理工程师批准的施工图。

5. 索赔审批文件。

(三) 工程计量的方法

监理工程师一般只对以下三方面的工程项目进行计量：工程量清单中的全部项目、合同文件中规定的项目和工程变更项目。通常可按照以下方法进行计量。

1. 均摊法。这是对清单中某些项目的合同价款，按合同工期平均计量为监理工程师提供宿舍和一日三餐，保养测量设备，保养气象记录设备，维护工地清洁和整洁等。这些项目都有一个共同的特点，即每月均有发生。所以，可以采用均摊法进行计量支付。

2. 凭据法，就是按照承包商提供的凭据进行计量支付。如提供建筑工程险保险费、提供第三方责任险保险费、提供履约保证金等项目，一般按凭据法进行计量支付。

3. 估价法，就是按合同文件的规定，根据监理工程师估算的已完成的工程价值支付。如为监理工程师提供办公设施和生活设施，为监理工程师提供用车，为监理工程师提供测量设备、天气记录设备、通讯设备等项目。这类清单项目往往要购买几种仪器设备，当承包商对于某一项清单项目中规定购买的仪器设备不能一次购进时，则须采用估价法进行计量支付。其计量过程如下：

(1) 按照市场物价情况，对清单中规定购置的仪器设备分别进行估价。

(2 按下式计量支付金额

$$F = A \times (B/D)$$

式中：F——表示计算支付的金额；

A——表示清单所列的合同金额；

B——表示该项实际完成的金额（按估算价格计算）；

D——表示该项全部仪器设备的总估算价格。

从上式可知：该项实际完成金额 B 必须按估算各种设备的价格计算，它与承包商购进的价格无关。估算的总价与合同工程量清单的款额无关。当然，估价的款额与最终支付的款额无关，最终支付的款额总是合同清单中的款额。

4. 断面法。断面法主要用于土坑或填筑路堤土方的计量。对于填筑土方工程，一般规定计量的体积为原地面线与设计断面所构成的体积。采用这种方法计量，在开工前承包商需测绘出原地形的断面，并需经监理工程师检查，作为计量的依据。

5. 图样法。在工程量清单中，许多项目都采取按照设计图样所示的尺寸进行计量，如混凝土构件的体积，钻孔桩的桩长等。

6. 分解计量法，就是将一个项目，根据工序或部位分解为若干子项，对完成的各子项进行计量支付。

三、工程价款的结算

(一) 工程价款的结算方式及程序

按现行规定，建筑安装工程价款结算可根据不同情况采用按月结算、竣工后一次性结算、分阶段结算、目标结算、结算双方约定的其他结算方式等不同形式。合同签订时，根据项目特征、工程具体情况以及资金筹措方式等具体确定。

（二）工程价款支付的方法和时间

1. 工程预付款。实行工程预付款，双方应在合同条款内约定发包人向承包人预付工程款的时间和数额，开工后按约定时间和比例逐次扣回。预付款的支付时间应不迟于约定的开工日期前 7 天。发包人不按约定预付，承包人在约定时间 7 天后向发包人发出要求预付的通知，发包人收到通知后仍不能按要求预付，承包人可在发出通知后 7 天内停止施工，发包人应从约定应付之日起按承包人同期向银行贷款的利率向承包人支付应付款的贷款利息，并承担违约责任。

2. 工程款（进度款）支付。在确认计量结果 14 天内，发包人应向承包人支付工程款（进度款）。按约定时间发包人应扣回的预付款，法律、法规、政策变化和价格调整以及工程变更调整的合同价款及其他条款中约定的追加合同价款，应与工程款同期调整支付。

发包人超过约定的支付时间不支付工程款（进度款），承包人可向发包人发出要求付款的通知，发包人收到承包人通知后仍不能按要求付款，可与承包人协商，签订延期付款协议，经承包人同意后可延期支付。协议应明确延期支付的时间和从计量结果确认后第 15 天起计算应付款的贷款利息。

发包人不按合同约定支付工程款（进度款），双方又未达成延期付款协议，导致施工无法进行的，承包人可停止施工，由发包人承担违约责任。

3. 竣工结算。工程竣工验收报告经发包人认可后 28 天内，承包人向发包人递交竣工结算报告及完整的结算资料，双方按照协议书约定的合同价款及专用条款约定的合同价款调整内容，进行工程竣工结算。

发包人收到承包人递交的竣工结算报告后 28 天内进行核实，给予确认或者提出修改意见。发包人确认竣工结算报告后向承包人支付竣工结算价款，承包人收到竣工结算价款后 14 天内将竣工工程交付发包人。

发包人收到竣工结算报告及结算资料后 28 天内无正当理由不支付工程竣工结算价款，从第 29 天起支付拖欠工程竣工价款的利息，并承担违约责任。

发包人收到竣工结算报告及结算资料后 28 天内不支付工程竣工结算价款，承包人可以催告发包人支付结算价款。发包人在收到竣工结算报告及结算资料后 56 天内仍不予支付的，承包人可以与发包人协议将该工程折价，也可以由承包人申请人民法院将该工程依法拍卖，承包人就该工程折价或者拍卖的价款优先受偿。工程竣工验收报告经发包人认可后 28 天内，承包人未能向发包人递交竣工结算报告及完整的结算资料，造成工程竣工结算不能正常进行或工程竣工结算价款不能及时支付，发包人要求交付工程的，承包人应当交付；发包人不要求交付工程的，承包人承担保管责任。

四、工程变更

在工程项目的实施过程中，由于多方面的情况变更，经常出现工程量变化、施工进度变化，以及发包方与承包方在执行合同中的争执等许多问题。由于工程变更所引起的工程量的变化、承包方的索赔等，都有可能使项目投资超出原来的预算投资，监理工程师必须严格予以控制，密切注意其对未完工程投资支出的影响及对工期的影响。

（一）工程变更程序

工程变更可能来自多方面，或建设单位的原因，或承包方的原因，或监理工程师的原因，或其他原因。为有效控制投资，不论任何一方提出的工程变更，均应由监理工程师签发工程变更指令，在一般的建设工程施工合同中均包括工程变更条款，允许监理工程师向承包商发出指令，要求对工程的项目、数量或质量进行变更，对原标书的有关部分进行修改，而承包商必须照办。

工程变更包括设计变更、进度计划变更、施工条件变更，也包括监理工程师提出的"新增工程"，即原招标文件和工程量清单中没有包括的工程项目。承包商对这些新增工程，也必须按监理工程师的指令组织施工，工期与单价由监理工程师与承包商协商确定。

（二）工程变更内容

施工合同文本规定，施工中发包人需对原工程设计进行变更的，应提前14天以书面形式向承包人发出变更通知。变更超过原设计标准或批准的建设规模时，发包人应报规划管理部门和其他有关部门重新审查批准，并由原设计单位提供变更的相应图纸和说明。承包人按照监理工程师发出的变更通知及有关要求，进行下列需要的变更：

1. 更改工程有关部分的标高、基线、位置和尺寸。
2. 增减合同中约定的工程量。
3. 改变有关工程的施工时间和顺序。
4. 其他有关工程变更需要的附加工作。因变更导致的合同价款的增减及造成的承包人损失，由发包人承担，延误的工期相应顺延。

施工中承包人不得对原工程设计进行变更。承包人在施工中提出的合理化建议如果涉及对设计图纸或施工组织设计的更改及对材料、设备的换用，需提出工程洽商经监理工程师同意后实施。未经同意擅自更改或换用时，承包人承担由此发生的费用，并赔偿发包人的有关损失，延误的工期不予顺延。合同履行中发包人要求变更工程质量标准及发生其他实质性变更由双方协商解决。

五、工程索赔

（一）工程索赔概述

1. 工程索赔的概念

工程索赔是指在工程承包合同的履行过程中，当事人一方对于并非自己的过错，而是应由对方承担责任的情况造成的实际损失，向对方提出经济补偿和（或）工期顺延的要求。

索赔属于经济补偿行为，而不是惩罚。索赔方所受到的损害，与被索赔方的行为并不一定存在法律上的因果关系。导致索赔事件的发生，可以是一定行为造成的，也可能是不可抗力事件引起的，可以是对方当事人的行为后果，也可能是任何第三方行为所导致。

2. 产生的主要原因

（1）当事人违约。当事人违约常常表现为没有按照合同约定履行自己的义务。发包人违约常常表现为没有为承包人提供合同约定的施工条件、未按照合同约定的期限和数额付款等。监理工程师未能按照合同约定完成工作,如未能及时发出图纸、指令等也视为发包人违约。承包人违约的情况则主要是没有按照合同约定的质量、期限完成施工,或者由于不当行为给发包人造成其他损害。

(2) 不可抗力。不可抗力是指人力无法抗拒、不受人的意志所支配的现象,包括自然灾害和某些社会现象。我国有关法律对不可抗力范围做了概括性规定,具体包括:自然灾害,如地震;政府某些行为,如当事人订立合同后政府颁布了新的政策;社会异常现象,如发生政变等。

(3) 合同缺陷。合同缺陷表现为合同文件规定不严谨甚至矛盾,合同中的遗漏或错误。

在这种情况下,监理工程师应当给予解释,如果这种解释将导致成本增加或工期延长,发包人应当给予补偿。

3. 工程索赔的分类

(1) 按索赔的合同依据分类。工程索赔分为合同中明示的索赔和合同中默示的索赔。

(2) 按索赔目的分类。将工程索赔分为工期索赔和费用索赔。

(3) 按索赔事件的性质分类。工程索赔分为工程延误索赔、工程变更索赔、合同被迫终止索赔、工程加速索赔、意外风险和不可预见因素索赔以及其他索赔。

(二) 监理工程师处理索赔的一般原则

1. 索赔必须以合同为依据

监理工程师在处理索赔事件时,不论是风险事件的发生,还是当事人不完成合同工作,都必须在合同中找到相应的依据,包括合同中隐含的依据。

2. 及时、合理地处理索赔

索赔事件发生后,承包商应当及时提出索赔要求,监理工程师处理索赔也应及时。否则,承包商会由于索赔长期得不到合理解决而导致资金困难;监理工程师对索赔证据的收集将发生困难。此外,处理索赔必须坚持合理性原则,既考虑到国家的有关规定,也要考虑到工程的实际情况。

3. 加强主动控制

监理工程师在工程管理过程中,应积极督促合同双方认真履行合同,减少工程变更,加强主动控制和事前控制,制定突发事件应对措施,尽量减少索赔事件的发生。

第五节 工程建设项目竣工决算

竣工决算是工程建设项目经济效益的全面反映,是项目法人核定各类新增资产、办理其交付所有的依据。通过竣工决算,能够正确反映工程建设的实际造价和投资;同时,通过竣工决算与概算、预算的对比分析,考核投资控制的工作成效,总结经验教训,积累基础资料,提高未来工程建设项目投资效益。

一、竣工决算的编制

竣工决算由竣工决算报表和竣工财务情况说明书两部分组成。

(一) 竣工决算报表

大中型建设项目竣工决算报表是由竣工工程概况表、竣工财务决算表、建设项目交付使用财产总表等组成。小型建设项目竣工决算报表是由竣工决算表和交付使用财产明细表等组成。

竣工工程概况表主要反映竣工项目新增生产能力、建设成本以及各项技术经济指标等内容。竣工财务决算表，反映全部竣工的大中型建设项目的资金来源和运用情况，分"资金来源"和"资金利用"两栏对应表。建设项目交付使用财产总表反映大中型建设项目建成后新增固定资产和流动资产的全部情况。

(二) 竣工财务情况说明书

竣工财务情况说明书的主要内容有：基本建设概预算（投资包干额）和基本建设计划及执行情况，基本建设资金的使用情况，建设成本和投资效果的分析，主要经验和存在的问题以及处理意见。

二、竣工决算的审核

对建设项目竣工决算的审核，要以国家的有关方针政策、基本建设计划、设计文件和设计概算等为依据，着重审核如下内容：

(一) 基本建设计划和设计概算的执行情况

根据批准的基本建设计划和设计概算，审核竣工项目是否为计划内项目，有无计划外工程；设计变更是否经过有关设计部门办理变更设计手续；工程量的增减，工期的提前或延迟是否经过甲、乙双方签证和批准；设计概算投资执行的结果是超支或节约等。

正常情况下，建设项目实际投资不允许超过设计概算投资，但是，我国规定如遇到以下情况，可调整指标。

1. 因资源、水文地质、工程地质情况发生重大变化，引起建设方案变动。
2. 人力不可抗拒的自然灾害造成重大损失。
3. 国家统一调整价格，引起概算发生重大变化。
4. 国家计划发生重大修改。
5. 设计发生重大修改。

(二) 审核各项费用开支

根据财务制度审核各项费用开支是否符合规定。如有无乱挤乱摊成本，任意扩大成本开支范围；有无自定标准，扩大生活福利和资金；有无假公济私，铺张浪费等违反财经制度和财经纪律的情况。

(三) 审核结余物资和资金情况

主要是审核结余物资和资金是否真实准确。各项应收、应付款是否结清；工程上应摊销和核销的费用是否已经摊销和核销；应收应退的结算材料、设备是否已收回或退清等。

（四）审核竣工决算情况说明书的内容

主要审核所列举的工程项目建设的事实及投资控制和使用情况是否全面、系统、符合实际及能否说明问题。

三、新增资产价值的确定

竣工决算是办理交付使用财产的依据。正确核定新增资产的价值，不但有利于建设项目交付使用以后的财务管理，而且可以为建设项目进行经济后评估提供依据。

根据财务制度，新增资产是由各个具体的资产项目构成，按其经济内容不同，可以将企业的资产划分为流动资产、固定资产、无形资产、递延资产、其他资产。资产的性质不同，其计价方法也不同。

（一）新增固定资产价值的确定

1. 新增固定资产的含义

新增固定资产又称交付使用的固定资产，它是投资项目竣工投产后所增加的固定资产价值，是以价值形态表示的固定资产投资最终成果的综合性指标。新增固定资产价值的内容包括：

（1）已经投入生产或交付使用的建筑安装工程价值。

（2）达到固定资产标准的设备工器具的购置价值。

（3）增加固定资产价值的其他费用。如建设单位管理费、报废工程损失、项目可行性研究费、勘察设计费、土地征用及拆迁补偿费、联合试运转费等。

2. 新增固定资产价值的计算

新增固定资产价值的计算是以独立发挥生产能力的单项工程为对象的，在计算中应注意：

（1）对于为提高产品质量，改善劳动条件，节约材料消耗，保护环境而建设的附属辅助工程，只要全部建成，正式验收或交付使用就要计入新增固定资产价值。

（2）对于单项工程中不构成生产系统，但能独立发挥效益的非生产性工程，如住宅、食堂、医务所、托儿所等，在建成并交付使用后，也要计算新增固定资产价值。

（3）凡购置达到固定资产标准不需安装的设备、工器具，应在交付使用后，计入新增固定资产价值。

（4）属于新增固定资产价值的其他投资，应随同受益工程交付使用的同时一并计入。

（二）流动资产价值的确定

流动资产是指可以在一年内或者超过一年的一个营业周期内变现或者运用的资产，包括现金及各种存款、存货、应收及预付款项等。在确定流动资产价值时，应注意以下几种情况：

1. 货币性资金，即现金、银行存款及其他货币资金，根据实际入账价值核定。

2. 应收及预付款项包括应收票据、应收账款、其他应收款、预付货款和待摊费用。一般情况下，应收及预付款项按企业销售商品、产品或提供劳务时的实际成交金额入账核算。

3. 各种存货应当按照取得时的实际成本计价。

（三）无形资产价值的确定

无形资产是指企业长期使用但没有实物形态的资产，包括专利权、商标权、著作权、土地使用权、非专利技术、商誉等。无形资产的计价，原则上应按取得时的实际成本计价。

1. 专利权的计价

专利权分为自创和外购两类。对于自创专利权，其价值为开发过程中的实际支出，主要包括专利的研究开发费用、专利登记费用、专利年付费和法律诉讼费等各项。专利转让时（包括购入和卖出），其费用主要包括转让价格和手续费。

2. 非专利技术的计价

非专利技术如果是自创的，一般不得作为无形资产入账，自创过程中发生的费用，允许当作当期费用处理。购入非专利技术时，应由法定评估机构确认后再进一步估价。

3. 商标权的计价

自创商标，其所花费用直接作为销售费用计入当期损益，不作为无形资产。当企业购入或转让商标时，才需要对商标权计价。商标权的计价一般根据被许可方新增的收益来确定。

4. 土地使用权的计价

取得土地使用权的方式有两种：一是建设单位向土地管理部门申请土地使用权，并为之支付一笔出让金，在这种情况下，应作为无形资产进行核算；二是建设单位获得的土地使用权是原先通过行政划拨的，这时就不能作为无形资产核算，只有在将土地使用权有偿转让、出租、抵押、作价入股和投资，并且按规定补交土地出让价款时，才应作为无形资产核算。

无形资产计价入账后，其价值应从受益之日起，在有效使用期内分期摊销，也就是说，作为无形资产支出的费用应在无形资产的有效期内得到及时补偿。

（四）递延资产价值和其他资产的确定

递延资产是指不能全部计入当年损益，应当在以后年度内分期摊销的各项费用，包括开办费、租入固定资产的改良支出等。

1. 开办费的计价

开办费是指在筹建期间发生的费用，包括筹建期间人员工资、办公费、培训费、差旅费、印刷费、注册登记费以及不计入固定资产和无形资产购建成本的汇兑损益和利息等支出。除了筹建期间不计入资产价值的汇兑净损失外，开办费从企业开始生产经营月份的次月起，按照不短于5年的期限平均摊入管理费用。

2. 以经营租赁方式租入的固定资产改良工程支出的计价这部分费用应在租赁有效期限内分期摊入制造费用或管理费用

其他资产包括特准储备物资等。其他资产的核算主要以实际入账价值核算。

小　结

　　项目的投资控制是建设监理的一项主要任务，它贯穿工程建设的各个阶段，涉及监理工作的各个环节，起到对项目投资进行系统控制的作用。在工程设计阶段，主要是通过增强设计标准和标准设计的意识，采取限额设计、标准设计方法，使设计在满足质量和功能的前提下，实现投资的控制目标。在建设工程招投标阶段，监理工程师主要通过协助业主拟定招标方式、准备和发送招标文件、确定合同计价形式、编制标底、协助评审投标文件等具体工作，来控制建设工程合同价不突破预期的目标。监理工程师在施工阶段进行投资控制，必须在施工前明确施工阶段的投资控制目标，对施工组织设计或施工方案进行审查，做好技术经济分析工作，在施工过程中，严格按程序进行计量、结算和办理支付，控制工程变更，合理计算索赔费用，进行投资偏差分析，及时采取纠偏措施，保证施工阶段投资控制目标的实现。在工程项目完成时，监理工程师协助建设单位正确编制竣工决算；正确核定项目建设新增固定资产价值，分析考核项目的投资效果。

思　考　题

1. 工程建设项目投资包括哪些内容？
2. 设计阶段投资控制的手段和方法有哪些？
3. 监理工程师怎样对设计概算和施工图预算进行审查？
4. 简述编制招标工程标底价格的原则和依据。
5. 监理工程师如何进行评标和定标？
6. 简述施工阶段投资控制的工作流程。
7. 在施工过程中监理工程师如何加强变更管理？
8. 建设工程竣工决算的内容有哪些？

第五章　工程建设进度控制

在工程建设中，进度控制对一个项目的成功起着举足轻重的作用。本章介绍了进度控制的基本概念、工程设计阶段的进度控制、施工阶段的进度控制、实施过程中的检查与监督、调整方法等内容。

第一节　工程建设进度控制的基本概念

进度控制是指针对工程项目各建设阶段的编制计划，将实际进度与计划进度进行对比，出现偏差时进行纠正，并控制整个计划的实施。

进度控制是工程项目建设中与质量控制、投资控制并列的三大控制之一。它们之间有着相互影响、相互依赖、相互制约的关系。监理工程师应根据工程项目的规模，工程项目的工程量，业主对工期的要求，业主的资金状况，主要设备进场计划以及国家关于建设工期的定额要求，工程地质，地区气候等因素作出综合判断，合理确定最佳工期。

从经济角度看，并非所有工程项目的工期越短越好。如果盲目地缩短工期，会造成工程项目财政上的极大浪费。工程项目的工期确定下来后，监理工程师就要根据具体的工程项目及其影响因素对工程项目的施工进度进行控制，以保证工程项目在预定工期内完成工程项目的建设任务。

工程项目的建设进度，受许多因素的影响，业主及监理工程师应事先对影响进度的各种因素进行调查研究，预测这些因素对工程项目建设进度的影响，并编制可行的进度计划，指导工程项目建设工作按计划进行。工程项目按进度计划执行过程中，不可避免地会出现其他影响进度计划的因素，使工程项目难以按预定计划执行，这就要监理工程师去协调和控制这些影响因素，使工程项目按原进度计划进行或按调整后的进度计划进行。

一、影响进度的因素

影响工程项目进度计划的因素很多，有人的因素、材料设备因素、技术因素、资金因素、工程水文地质因素、气象因素、环境因素、社会环境因素等。归纳起来在工程项目上有以下具体表现：

1. 不满足业主使用要求的设计变更；
2. 业主提供的施工场地不满足施工需要；

3. 勘察资料不准确;

4. 设计、施工中采用的技术及工艺不合理;

5. 不能及时提供设计图纸或图纸不配套;

6. 施工场地无水、电供应;

7. 材料供应不及时和相关专业不协调;

8. 各专业、工序交接有矛盾,不协调;

9. 社会环境干扰;

10. 出现质量事故时的停工调查;

11. 业主资金有问题;

12. 突发事件的影响等。

按照责任的归属,上述影响因素又可分为两大类:

1. 由承包商自身的原因造成的工期延长,称为工程延误。其一切损失由承包商自己承担,包括承包商在监理工程师同意下所采取的加快工程进度的任何措施所增加的各种费用。同时,由于工程延误造成工程延长,承包商还要向业主支付误期损失赔偿金。

2. 由承包商以外的原因造成的工期延长,称为工程延期。经监理工程师批准的工程延期,所延长的时间属于合同工期的一部分,即工程竣工的时间,等于标书规定的时间加上监理工程师批准的工程延期的时间。

二、进度控制的方法、措施及主要任务

(一) 进度控制的主要方法

1. 行政方法

行政方法就是利用行政地位或权力,通过发布进度指令,进行指导、协调、考核,利用激励手段来监督、督促,从而进行进度控制。

2. 经济方法

经济方法就是指有关单位利用经济手段对进度进行制约和影响。如在合同中写明工期和进度的条款,通过招标、投标的进度优惠条件鼓励承包商加快施工进度,业主通过工期提前奖励和延期惩罚条款实施对进度控制等。

3. 技术管理方法

技术管理方法主要是指监理工程师的规划、控制和协调。在进度控制过程中,确定工程项目的总进度目标和分进度目标,并进行计划进度与实际进度的比较,发现问题,及时采取措施进行纠正。

(二) 进度控制的措施

1. 组织措施

(1) 落实工程项目监理机构的进度控制人员,对具体控制任务和管理职能分工。

(2) 对建设项目进行分解,如按项目结构分解、按项目进展阶段分解、按预算项目分解、按合同结构分解,并建立编码体系。

(3) 确定进度协调工作制度。包括协调会议定期举行的时间,协调会议的参加人

员等。

（4）对影响进度目标实现的干扰和风险因素进行分析。风险分析主要是根据许多统计资料的积累，对各种因素影响进度的概率及进度拖延的损失值进行计算和预测，并考虑有关工程项目审批部门对进度的影响。

2. 技术措施

采用技术措施的目的是实现进度目标控制，并能按计划完成或加快施工进度。根据工程项目的规模和实际条件，可以采用网络计划、流水作业方法和施工作业计划体系，扩大同时作业的施工工作面，采用高效能的施工机械设备，采用施工新工艺、新技术，缩短工艺过程间和工序间的技术间歇时间。

3. 合同措施

主体结构及各专业项目分别发包，关键在签订承包合同时要认真、严密地考虑有关工期的条款，在履行中要有专人负责合同管理。在合同期间对整个工期及各阶段工期进行控制和协调。认真核实工期索赔，分清各方应承担的责任、风险及有正当理由的索赔工期。特别是影响关键路线上的工期，应予确认；延迟非关键路线的工期，则不予索赔。在合同中应订有与专门工期有关的条款。

4. 经济措施

在承包合同中，应包括对承包商提前或拖延工期的奖励和罚款条款，对某些特殊要求应急的项目或分部工程，可适当提高单价，确保资金及工程款项及时供应和支付。

（三）工程项目实施阶段进度控制的主要任务

工程项目实施阶段控制的主要任务有设计前期的准备阶段进度控制、设计阶段进度控制和施工阶段进度控制。

1. 设计前期准备阶段进度控制的任务

（1）向业主提供有关工期信息，协助业主确定工期总目标；

（2）编制工程项目总进度计划；

（3）编制准备阶段详细工作计划，并控制该计划的执行；

（4）施工现场条件调查分析等。

2. 设计阶段进度控制的任务

（1）编制设计阶段工作进度计划并控制其执行；

（2）编制详细的出图计划并控制其执行等。

3. 施工阶段进度控制的任务

（1）编制施工总进度计划并控制其执行；

（2）编制施工年、季、月实施计划并控制其执行等。

第二节 工程设计阶段的进度控制

设计进度控制的最终目标是按质、按量、按时间要求提供施工图设计文件。在确定了建设工程设计进度控制总目标后，为了有效地控制设计进度，将进度控制总目标按设计进展阶段和专业进行分解,从而形成了设计阶段控制目标体系。

一、设计进度控制的阶段目标

建设工程设计通常分为初步设计和施工图设计两个阶段,对于技术复杂的项目可分为初步设计、技术设计和施工图设计三个阶段。在设计开始前,要做好设计准备工作。因此,建设工程设计主要包括设计准备、初步设计、技术设计、施工图设计等阶段,为了确保设计进度控制总目标的实现,应明确每一阶段的进度控制目标。

(一)设计准备阶段的时间目标

1. 确定规划设计条件。规划设计条件是指在城市建设中,由城市规划管理部门根据国家有关规定,从城市总体规划的角度出发,对拟建项目在规划设计方面所提出的要求。

2. 提供设计基础资料。监理工程师代表建设单位向设计单位提供完整、可靠的设计基础资料,其内容一般包括:经批准的可行性研究报告,城市规划管理部门发给的"规划设计条件通知书"和地形图,建筑总平面布置图,原有的上下水管道图、道路图、动力和照明线路图,建设单位与有关部门签订的供电、供气、供热、供水、雨污水排放方案或协议书,环保部门批准的建设工程环境影响审批表和城市节水部门批准的节水措施批件,当地的气象、风向、风荷载、雪荷载及地震级别,水文地质和工程地质勘察报告,对建筑物的采光、照明、供电、供气、供热、给排水、空调及电梯的要求,建筑构配件的适用要求,各类设备的选型、生产厂家及设备构造安装图纸,建筑物的装饰标准及要求,对"三废"处理的要求,建设项目所在地区其他方面的要求和限制,如机场、港口、文物保护等。

3. 选定设计单位、商签设计合同。设计单位的选定可以采用直接指定、设计招标及设计方案竞赛等方式。为了优选设计单位,保证工程设计质量,降低设计费用,缩短设计周期,应当通过设计招标选定设计单位。设计方案竞赛的主要目的是用来获得理想的设计方案,同时也有助于选择理想的设计单位,从而为以后的工程设计打下良好的基础。

当选定设计单位之后,建设单位和设计单位应就设计费用及委托设计合同中的一些细节进行谈判、磋商,双方取得一致意见后即可签订建设工程设计合同。在该合同中,应明确设计进度及设计图纸提交的时间。

(二)初步设计、技术设计阶段的时间目标

初步设计应根据建设单位所提供的设计基础资料进行编制。初步设计和总概算经批准后,便可作为确定建设项目投资额、编制固定资产投资计划、签订总包合同及贷款合同、实行投资包干、控制建设工程拨款、组织主要设备订货、进行施工准备及编制技术设计(或施工图设计)文件等的主要根据。技术设计应根据初步设计文件进行编制,技术设计和修正总概算经批准后,便成为建设工程拨款和编制施工图设计文件的根据。

为了确保工程建设进度总目标的实现,并保证工程设计质量,应根据建设工程的具体情况,确定出合理的初步设计和技术设计周期。该时间目标中,除了要考虑设计工作本身及进行设计分析和评审所花的时间外,还应考虑设计文件的报批时间。

（三）施工图设计阶段的时间目标

施工图设计应根据批准的初步设计文件（或技术设计文件）和主要设备订货情况进行编制，它是工程施工的主要根据。

施工图设计是工程设计的最后一个阶段，其工作进度将直接影响建设工程的施工进度，进而影响建设工程进度总目标的实现。因此，必须确定合理的施工图设计交付的时间，确保建设工程设计进度总目标的实现，从而为工程施工的正常进行创造良好的条件。

二、设计进度控制的专业目标

为了有效地控制建设工程设计进度，可以将各个设计阶段的时间目标进行进一步分解，例如：可以将初步设计工作时间分解为方案时间目标和初步设计时间目标；将施工图设计时间分解为基础设计时间目标、结构设计时间目标、装饰设计时间目标等。这样，设计进度控制目标便构成了一个从总目标到分目标的完整的目标体系。

第三节 工程施工进度计划控制的工作内容

施工阶段是建设工程实体的形成阶段，对该阶段实施有效控制是建设工程进度控制的重点。做好施工进度计划与项目建设总进度计划的衔接，并跟踪检查施工进度计划的执行情况，在必要时对施工进度计划进行调整，对于建设工程进度控制总目标的实现具有十分重要的意义。监理工程师受业主的委托在建设工程施工阶段实施监理时，其进度控制的总任务就是在满足工程项目建设总进度计划要求的基础上，编制或审核施工进度计划，并对其执行情况加以动态控制，以确保工程项目按期竣工交付使用。

一、施工进度控制目标的确定

如果一个项目没有明确的进度目标（进度总目标和分目标），工程的进度就无法控制，也谈不上控制，控制便失去了意义。建设工程不但要有项目建成交付使用的确切日期这个总目标，还要有各单位工程交工动用的分目标以及按承包单位、施工阶段和不同计划期划分的分目标。各目标之间相互联系，共同构成建设工程施工进度目标体系。其中，下一级目标受上一级目标制约，下一级目标保证上一级目标，最终保证施工进度总目标的实现。不论是总目标还是分目标，在确定时应认真考虑以下因素：

1. 项目建设总进度计划对施工工期的要求以及国家建筑安装工程施工工期定额的规定。
2. 项目建设的需要。多从尽快发挥投资效益和不同专业相互配合上提出对施工进度目标的要求。
3. 项目的特殊性。主要指组织和技术方面的特殊性。
4. 资金条件。资金是保证施工进度的先决条件，如果没有资金的保证，进度目标是难以实现的。

5. 人力、物资条件。施工进度目标的确定应与现场可能投入的施工力量相协调。

6. 气候条件和运输条件。建设施工的特点之一就是受外界自然条件影响大，因此，在制定施工进度目标时，必须考虑当地季节气候的变化对施工进度的影响，以及运输条件好坏对施工、进度的影响，以避免或减少由此而引起的施工进度目标的失控。

7. 当已有建成的同类型（相似的）建筑物或构筑物时，可以参考它们的实际进度来确定项目施工的进度目标，这也可以减少确定进度目标的盲目性。

进度目标一旦确定，就应在施工进度计划的执行过程中实行有效地控制，以确保目标的实现。

二、施工进度控制监理工程师的职责与权限

（一）施工进度控制监理工程师的职责

其职责可概括为：监督、协调和服务，在监督的过程中做好协调、服务，确保施工进度按合同工期实现。

1. 控制工程项目施工总进度计划的实现，并做好各阶段进度目标的控制。审批承包商呈报的单位工程进度计划。

2. 根据承包商完成施工进度的状况，签署月进度支付凭证。

3. 向承包商及时提供施工图纸及有关技术资料，并及时提供由业主负责供应的材料和机械设备等。

4. 组织召开进度协调会议，协调好各施工单位之间的施工安排，尽可能减少相互干扰，以保证施工进度计划顺利实现。

5. 定期向业主提交工程进度报告，做好各种施工进度记录，并保管与整理好各种报告、批示、指令及其他有关资料。

6. 组织阶段验收与竣工验收，公正合理地处理好施工单位的工期索赔要求。

（二）施工进度控制监理工程师的权限

根据国际惯例和我国有关规定，施工进度监理工程师有以下权限：

1. 适时下达开工令，按合同规定的日期开工与竣工

施工单位在收到中标通知书后的较短时间内，必须尽快向监理工程师提交施工进度计划，经过审查、修改、批准后，监理工程师便可下达开工通知。在进度计划的实施过程中，应经常地、定期地检查施工进度进展情况，一旦发现偏差，及时采取纠正措施，必要时可下达赶工令，以保证工程项目按合同规定的日期竣工。

2. 施工组织设计的审定权

监理工程师应对施工组织设计进行审查，提出修改意见及择优批准最终方案以指导施工实践。

3. 修改设计的建议及设计变更签字权

由于施工过程中情况多变或原设计方案、施工图存在不合理现象，经技术论证后认为有必要优化设计时，监理工程师有权建议设计单位修改设计。所有的设计变更必须征得监

理工程师的批准签字认可后方可施工。

4. 工程付款签证权

未经监理工程师签署付款凭证,建设单位将拒付施工单位的施工进度、备料、购置、设备、工程结算等款项。

5. 下达停工令和复工令

由于业主的原因或施工条件发生较大变化而导致必须停工时,监理工程师有权发布停工令。在符合合同要求时也有权发布复工令,对于承包商出现的不符合质量标准、规范、图纸等要求的施工,监理工程师有权签发整改通知单,限期整改,整改不力的在报请总监理工程师同意后可签发停工通知单,直至整改验收合格后才准许复工。

6. 索赔费用的核定权

由于非承包商原因而造成的工期拖延及费用的增加,承包商有权向业主提出工期索赔,监理工程师有权核定索赔的依据和索赔费用的金额。

7. 工程验收签字权

当分部分项工程或隐蔽工程完工后,应经监理工程师组织验收并签发验收证后方可继续施工,注意避免出现承包商因抢施工进度而不经验收就继续施工的情况发生。

三、施工阶段进度控制的工作内容

施工进度控制的主要内容包括事前进度控制、事中进度控制和事后进度控制。

(一) 事前进度控制

进度的事前控制,即为工期预控。事前进度控制主要工作内容有:

1. 编制施工进度控制工作细则;
2. 编制施工进度计划,包括施工总进度计划,单位工程施工进度计划,主要分部分项工程施工进度计划等;
3. 落实物资供应计划;
4. 建立健全的进度控制工作制度等。

(二) 事中进度控制

进度的事中控制是指施工进度计划执行中的控制,这是施工进度控制的关键过程。事中进度控制工作内容有:

1. 建立现场办公室,了解进度实施的动态;
2. 严格进行进度检查,及时收集进度资料;
3. 对收集的进度数据进行整理和统计,并将计划进度与实际进度进行比较,从中发现是否出现进度偏差;
4. 分析进度偏差对后续施工活动及总工期的影响,并进行工程进度预测,从而提出可行的修改措施;
5. 重新调整进度计划并付诸实施;
6. 组织现场协调会等。

（三）事后进度控制

事后进度控制是指完成整个施工任务后进行的进度控制工作。事后进度控制具体内容有：

1. 及时组织验收工作；
2. 整理工程进度资料；
3. 总结工作经验，为以后工程的进度控制服务。

第四节　施工进度计划实施过程中的检查与监督

一、施工项目进度计划的对比检查

施工项目进度计划的检查是指依据计划进度跟踪、对比、检查实际进度的过程，这一过程包括收集进度资料，对资料进行统计整理，记录实际进度并与计划进度进行对比分析，最后根据检查报告制度，将检查结果提交给项目经理及各级业务职能负责人。

记录实际进度并与计划进度进行对比检查的方法有很多，以下叙述几种常用的对比检查方法，包括：横道图对比检查法、S曲线对比检查法、香蕉曲线对比检查法、网络图实际进度前锋线对比检查法。

（一）横道图对比检查法

当进度计划采用横道图表达时，实际进度与计划进度的对比记录方法有多种形式，最简单的办法是：将检查日期内项目施工进度的实际完成情况用与计划进度横线条有区别的横线条表示实际进度，标在计划进度的下方。这种方法比较清楚、明晰，很容易看出实际进度提前或拖后的天数。如图5-1所示的横道图对比检查法，双线条表示计划进度，粗黑线条表示实际进度，三角形内的数字表示检查日期。这样，我们很容易看出，第14天检查时，A工序已按计划进度全部完成，B工序提前了两天完成，而D工序拖后了两天才完成。据此，可以分析原因及其对工期的影响，进而采取措施调整计划。

（二）S曲线对比检查法

1. S曲线的概念

对于多数施工项目来说，在项目施工准备阶段和竣工收尾阶段，通常施工项目的进展速度都比中期慢。这就意味着单位时间内完成的任务量（工程量或工作量）从初期到中期呈现递增趋势，而由中期到后期则呈现递减趋势，开工和完工时为零，如图5-2a所示。如以横坐标表示进度时间，纵坐标表示单位时间内累计完成的任务量（可用工程量或工作量表示），由此绘制的曲线图形状如"S"，如图5-2b所示，称为S曲线。

2. S曲线的绘制方法

S曲线可按下述步骤确定：

（1）确定单位时间内完成的工程量（或工作量）。

（2）累计单位时间完成的工程量（或工作量），可按下式确定：

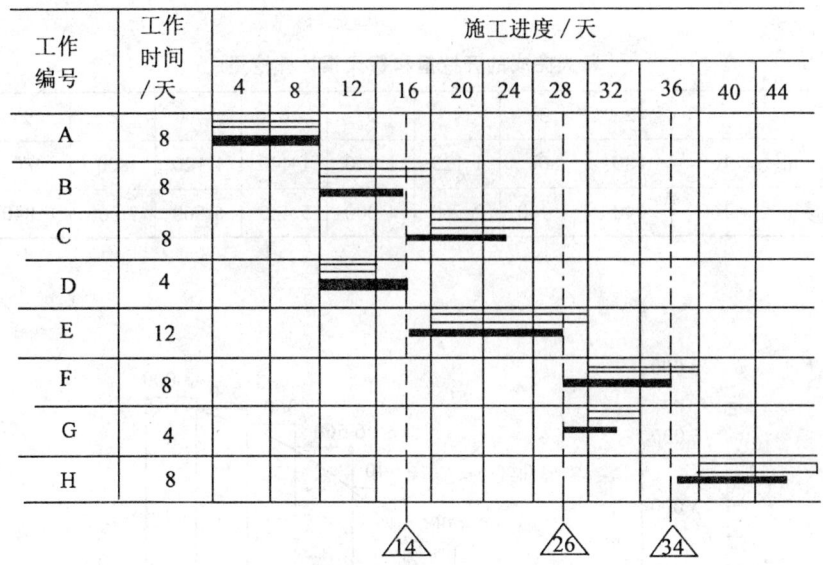

图 5-1 横道图对比检查

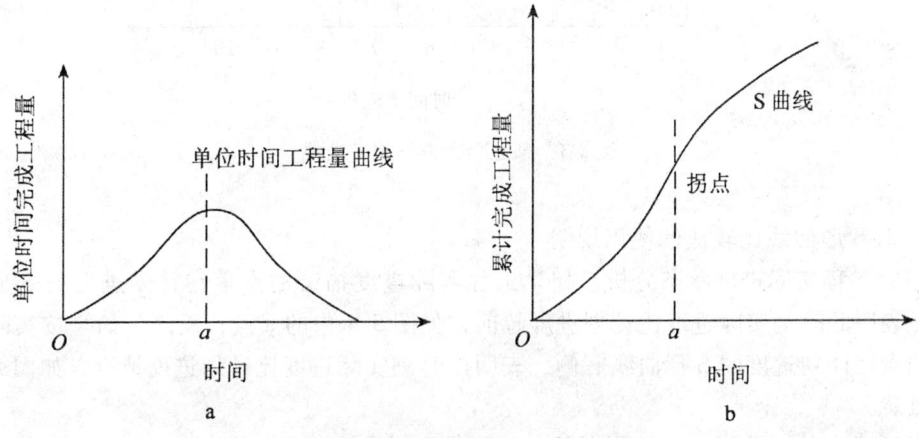

a 单位时间完成工程量曲线　　b S 曲线

图 5-2 时间与完成工程量关系图

$$Q = \sum_{i=1}^{n} Q_i$$

式中：Q——单位时间内完成的工程量（天或周等）；

Q_i——累计单位时间完成的工程量（或工作量）；

n——单位时间数量。

（3）绘制单位时间完成工程量曲线和 S 曲线。

下面举例说明 S 曲线的绘制方法。设某施工项目土方开挖量为 8 000m³，工期为 10

天，每天土方开挖量和由此确定的每天累计完成的工程量如表 5-1 所示。以每天累计完成工程量为纵坐标，开挖进度时间为横坐标，绘制的 S 曲线如图 5-3 所示。

表 5-1　　　　　　　　　每天完成的开挖量和每天累计开挖量

时间/天	1	2	3	4	5	6	7	8	9	10
每天完成量/m³	160	480	800	1 120	1 440	1 440	1 120	800	480	160
累计完成量/m³	160	640	1 440	2 560	4 000	5 440	6 560	7 360	7 840	8 000

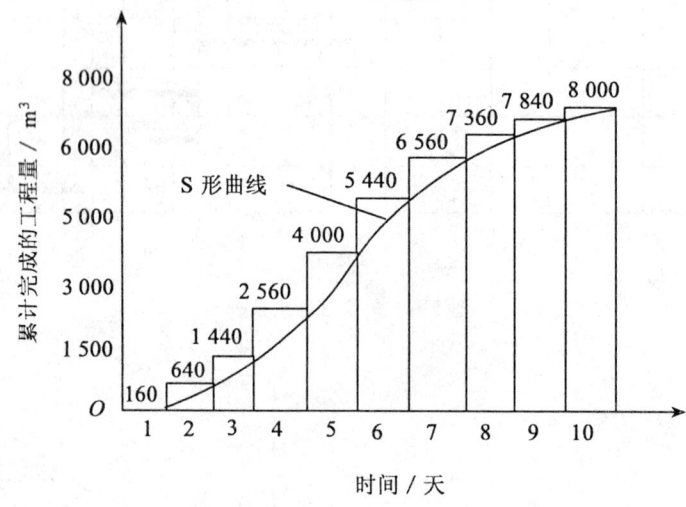

图 5-3　某工程土方开挖 S 曲线

3. 对 S 形曲线比较法的使用说明

（1）工程实际进度状态分析。如果工程实际进度描绘的点落在计划进度的 S 形曲线左侧，表明此时刻实际进度比计划进度超前，如图 5-4 中的 a 点；反之，如果按实际进度描绘的点在计划进度的 S 形曲线右侧，表明此时刻实际进度比计划进度拖延，如图 5-4 中的 b 点。

（2）进度偏差分析。在 S 形曲线比较图中可以直接读出进度偏差值。Δt_a 表示 t_a 时刻比原计划进度超前的时间，Δy_a 表示此时刻超额完成的工程量；Δt_b 表示在 t_b 时刻进度已拖延的时间，Δy_b 表示此时刻已拖欠的工程量，如图 5-4 所示。

（3）预测总工期分析。以实际进度的 S 形曲线提供的进度信息，采用时间序列预测方法，可以预测出未来不同的进度时间所应完成的工作量，可以作出实际预测进度的 S 形曲线，如图 5-4 中虚线所示。求出工程建设项目进度的预测工期，与原计划工期比较，即可以判断工期的提前或延迟的可能时间，图中的 ΔT 表示工期延误时间。

（4）选择不同的检查日期，用 S 形曲线比较法可以实现对工程项目建设进度的动态跟踪控制。

（三）"香蕉"曲线对比检查法

"香蕉"曲线是由两条具有同一开始和同一结束时间的 S 形曲线组成，如图 5-5 所示。

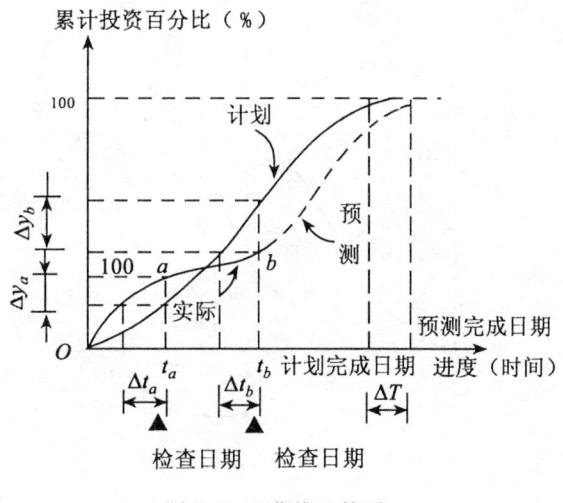

图 5-4 S 曲线比较图

一条曲线是按原网络进度计划的最早开始时间安排的进度绘制，称为 ES 曲线；另一条曲线是按原网络进度计划的最迟开始时间安排的进度绘制，即 LS 曲线。然后，按实际进度绘出实际进度曲线，即 R 曲线。利用实际进度曲线 R 与"香蕉"曲线进行比较，可以发现工程建设进度计划的执行状况，以便采取相应措施实现对工程建设进度的控制。一般情况下，工程建设进度可能出现下列三种情况：若实际进度曲线 R 落在"香蕉"曲线的范围之内，表示工程进度正常，属理想状态；若实际进度曲线 R 在 ES 曲线的上方，则表示工程实际进度超前原计划进度；若实际进度曲线 R 在 LS 曲线的下方，则表示工程实际进度落后原计划进度。

(1) 采用"香蕉"曲线比较法不仅可以判断工程实际进度的执行状态，而且还可以按实际进度曲线 R 所提供的进度信息，来预测未来实际进度的发展趋势，如图 5-5 中，由实际进度曲线采用趋势预测法所获得的预测进度曲线（虚线所示）。

(2) 根据"香蕉"曲线比较法不仅可以定性地判断实际进度的执行状况，而且还可以反映出进度的偏差值，为进度控制提供决策信息。如图 5-5 中，Δt_a 表示在检查日期建设进度提前完成的时间，Δy_a 表示在检查日期建设进度提前完成工程量的百分比。

(3) 选择不同的进度控制时点 t_a，可以跟踪判断建设进度不同执行状况，是提前或是延后。

(4) 利用"香蕉"曲线的终点与预测实际进度曲线终点的横坐标的相差值，可以估计实际进度未来完成状态，即工期是提前或是工期延后。图 5-5 中的 ΔT 表示工期偏差，又称为整体偏差。

(四) 网络图实际进度前锋线对比检查法

项目施工进度计划用时标网络图来表达时，可用实际进度前锋线记录施工的实际进度。实际进度前锋线是指在时标网络计划图上，将计划检查时刻各项工作的实际进度所达到的前锋点连接而成的折线。如图 5-6 所示的折线 abdt。实际进度前锋线与计划进度对比检查，可发现工序提前或拖后的情况，并可通过时间参数的计算，分析实际进度对工期的影响，进而采取相应的措施。

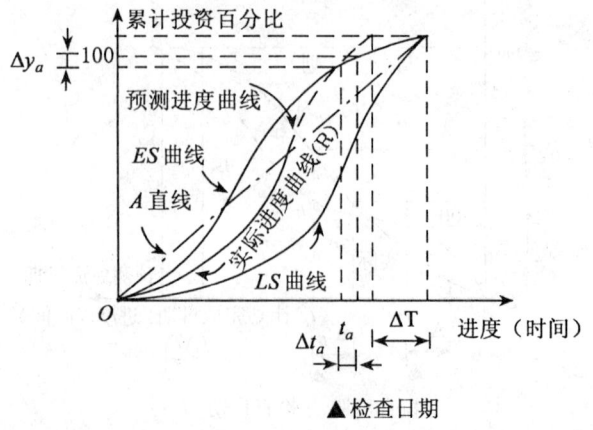

图 5-5 "香蕉"曲线

当进度计划用时标网络图表达时,用实际进度前锋线记录施工的实际进度,可以很直观地看出检查日期内工序提前或拖后的情况。如图 5-6 所示,要表示第 4 周末检查的情况,$abdt$ 表示第 4 周末实际进度前锋线,我们可以很清楚地看出,B 工序提前半周,D 工序拖后半周。

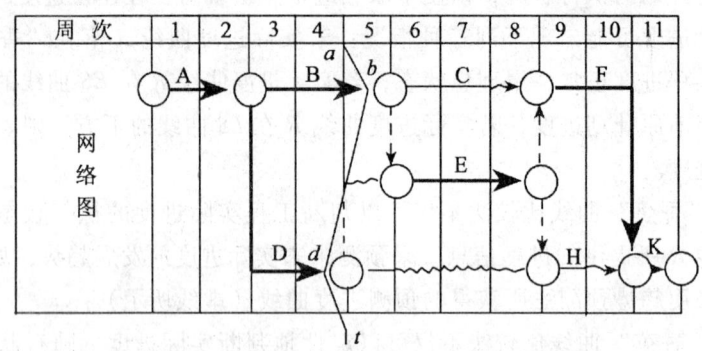

图 5-6 用实际进度前锋线记录实际进度

根据检查结果,进行时间参数计算,可以分析实际进度对工期的影响。具体方法是:截取第 4 周末的时标网络图,此时计划工期尚余 7 周。根据检查结果,重新计算网络图,发现实际工期只需 6.5 周,因此得知,此时工期将提前半周实现,如图 5-7 所示。

当进度计划用一般网络图表达时,也可用进度前锋线示意工序提前或拖后的情况。在图中标明必要的检查结果,然后依据检查结果进行时间参数的计算,分析其影响。如图 5-8 所示为一般网络图表达的进度计划,括号内数字为工序总时差。

图 5-9 所示是第 6 天检查的结果及计算后的进度示意图,方括号内的数字为该工序尚需作业的天数。进度前锋线显示,工序 2—3 既没有超前,也没有拖后;工序 2—4 用完了一天的总时差,发生拖后一天的现象,已由非关键工序变为关键工序,应引起足够的重视。表 5-2 表示根据检查结果,进行分析对比的情况。

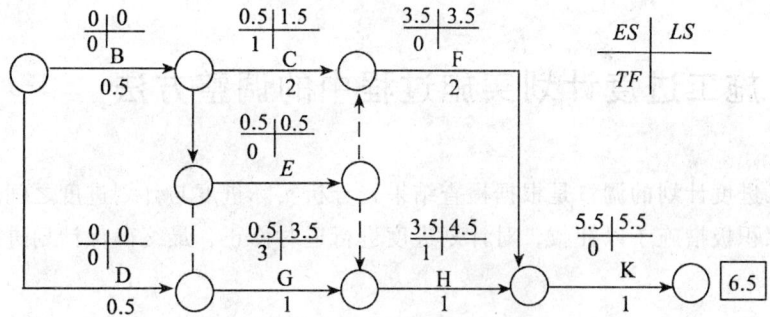

图 5-7 分析实际进度对工期的影响

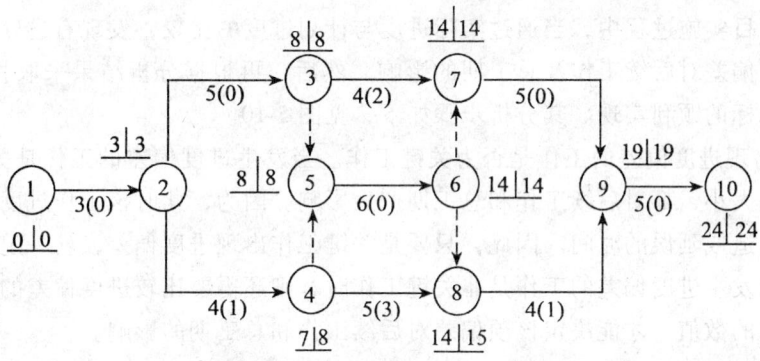

图 5-8 某工程一般网络计划

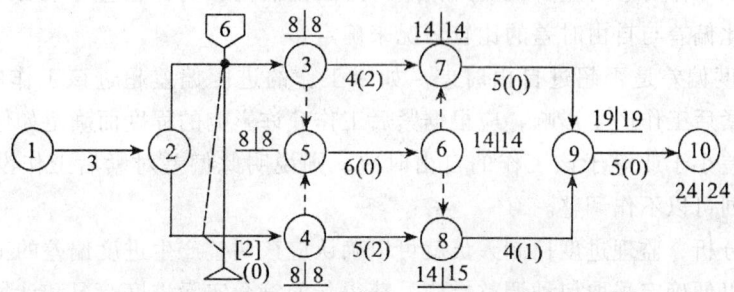

图 5-9 第 6 天施工进度示意图

表 5-2　　　　　　　　　第 6 天网络进度计划检查情况表　　　　　　　　　（单位：天）

工作编号	在第6天时尚需作业的天数	按计划最迟完成尚有的天数	原有总时差天数	尚有总时差天数	检查结果分析
2—3	2	2	0	2−2=0	正常
2—4	2	2	1	2−2=0	要重视

第五节 施工进度计划实施过程中的调整方法

项目施工进度计划的调整是根据检查结果，分析实际进度与计划进度之间产生的偏差及原因，采取积极措施予以补救，对计划进度进行适时修正，最终确保计划进度指标得以实现的过程。

一、分析进度偏差对后续工作及总工期的影响

在工程项目实施过程中，当通过实际进度与计划进度的比较，发现有进度偏差时，首先需要分析该偏差对后续工作及总工期的影响，然后，再根据分析结果采取相应的对策，以确保工期目标的顺利实现。其分析步骤如下，见图 5-10。

1. 分析出现进度偏差的工作是否为关键工作。当发生进度偏差的工作是关键工作时，则无论其偏差大小，都对后续工作和总工期产生影响。因为，此时该工作进度偏差的数值就是对总工期造成延误的时间。因此，只要是关键工作出现进度偏差，就一定要采取纠偏措施。但如果发生进度偏差的工作是非关键工作时，则还需要比较进度偏差的数值与总时差和自由时差的数值，才能决定该项偏差对后续工作和总工期的影响。

2. 分析进度偏差是否超过总时差。如果工作的进度偏差超过了该工作的总时差，说明此偏差必将影响到其紧后工作和总工期，必须采取相应的调整措施；如果工作的进度偏差小于或等于该工作的总时差，说明此偏差对总工期没有影响，但它对紧后工作的影响程度，需要根据此偏差与自由时差的比较情况来确定。

3. 分析进度偏差是否超过自由时差。如果工作的进度偏差超过该工作的自由时差，说明此偏差对紧后工作产生影响，应根据紧后工作允许影响的程度而确定如何调整。如果工作的进度偏差小于或等于该工作的自由时差，则说明此偏差对紧后工作没有影响，因此，原进度计划可以不作调整。

经过如此分析，监理进度控制人员就可以确认应该调整产生进度偏差的工作和调整偏差值的大小，以便确定采取何种调整措施，获得新的符合实际进度情况和计划目标的新进度计划。

二、进度计划的调整方法

在对进度计划进行分析的基础上，应确定调整原计划的方法，通常有以下几种：

（一）改变某些工作间的逻辑关系

如果检查的实际进度产生的偏差影响到了总工期，并且有关工作之间的逻辑关系允许改变，可以改变关键线路和超过计划工期的非关键线路上的有关工作之间的逻辑关系，达到缩短工期的目的。例如，可以把依次进行的有关工作改变为平行或互相搭接的以及分成若干段来进行流水，均可以达到缩短工期的目的。

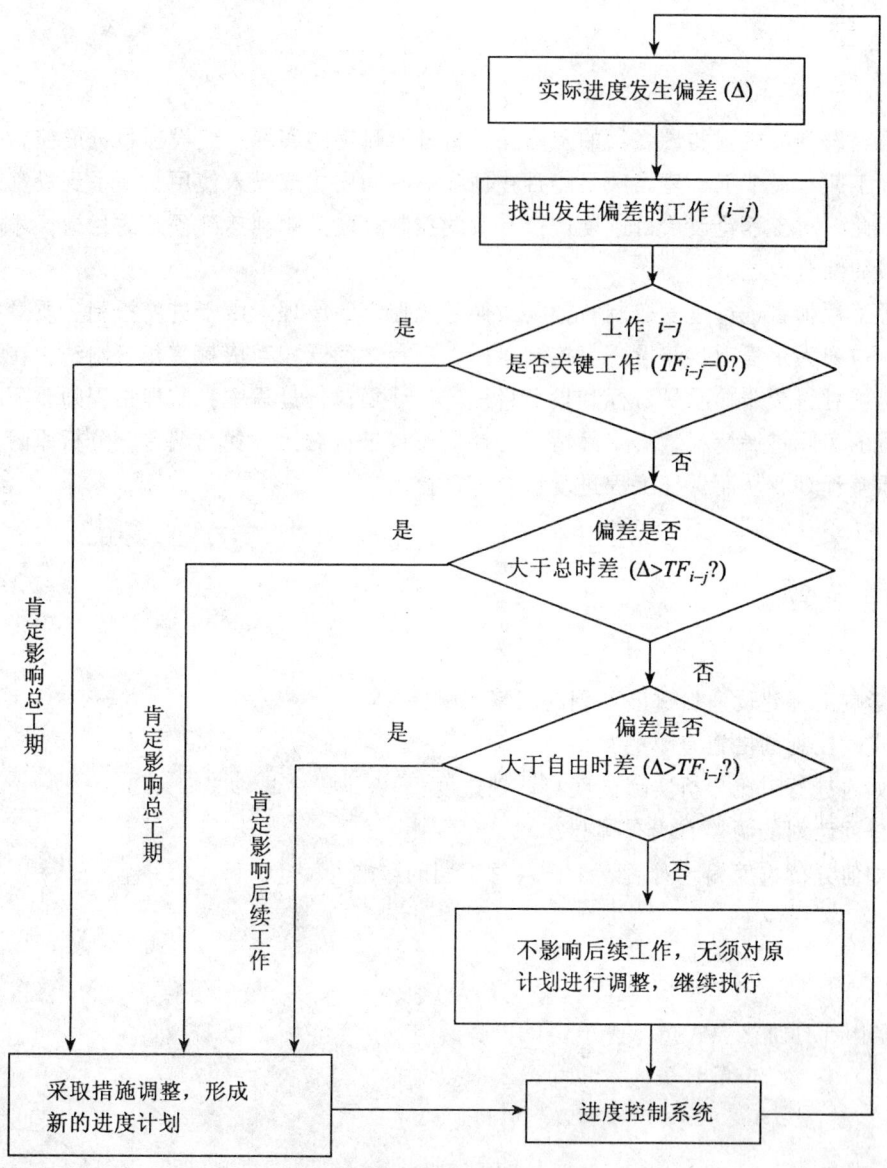

图 5-10 进度偏差影响分析图

（二）缩短某些工作的持续时间

此方法是在不改变工作之间逻辑关系的前提下，只是缩短某些工作的持续时间，而使工作进度加快，以保证计划工期的方法。这些被压缩的工作必须是因实际进度的拖延而引起总工期增加的关键线路和某些非关键线路上的工作，同时，这些工作必须是可以压缩持续时间的工作。

小　　结

　　工程建设进度控制的最终目的是确保项目进度目标的实现，建设项目进度控制的总目标是建设工期。一个工程建设项目能否在预定的时间内建成投入使用，关系到投资效益的发挥。因此，对工程建设项目进度进行有效的控制，使其顺利达到预定的目标，才能提高工程建设的综合效益。

　　监理工程师在进行进度控制时，要遵循系统控制的原理。由于进度控制、质量控制与投资控制被列为工程项目建设三大控制目标，三者之间既相互依赖又相互制约，在采取进度控制措施时，要兼顾质量目标和投资目标。在计划执行过程中，监理工程师要不断检查建设工程的实际进展情况，将实际情况与计划安排进行对比，找出偏差，分析原因，采取措施，调整计划，从而保证工程进度得到有效控制。

思　考　题

1. 影响工程建设项目进度计划的因素有哪些？
2. 进度控制的措施有哪些？
3. 如何进行对比分析实际进度与计划进度？
4. 进度计划的调整方法有哪些？
5. 如何分析进度偏差对后续工作及总工期的影响？

第六章 工程建设质量控制

工程建设项目的质量是项目建设的核心,是决定工程建设成败的关键,是实现建设监理三大目标的控制重点。本文介绍了工程项目质量控制概念与特点;根据工程项目不同的阶段,探讨了工程设计阶段的质量控制、工程施工阶段的质量控制、设备采购与制造安装的质量控制、工程质量评定与竣工验收、工程质量事故处理等内容。

第一节 工程质量控制概述

一、工程项目质量

工程项目质量是国家现行的有关法律、法规、技术标准、设计文件及工程合同对工程的安全、使用、经济、美观等特性的综合要求。工程项目一般都是按照合同条件承包建设的,因此,工程项目质量是在"合同环境"下形成的。合同条件中对工程项目的功能、使用价值及设计、施工质量等的明确规定都是业主的"需要",因而都是质量的内容。

从功能和使用价值来看,工程项目质量又体现在适用性、可靠性、经济性、外观质量与环境协调等方面。由于工程项目是根据业主的要求而兴建的,不同的业主也就有不同的功能要求,所以,工程项目的功能与使用价值的质量是相对业主的需要而言的,并无一个固定和统一的标准。

任何工程项目都是由分项工程、分部工程和单位工程所组成,而工程项目的建设,则是通过一道道工序来完成,是在工序中创造的。所以,工程项目质量包含工序质量、分项工程质量、分部工程质量和单位工程质量。

但工程项目质量不仅包括活动或过程的结果,还包括活动或过程本身,即还要包括生产产品的全过程。因此,工程项目质量应包括工程建设各个阶段的质量及其相应的工作质量。

二、工程项目质量的特点

工程项目质量的特点是由工程项目的特点决定的。工程项目的特点一是具有单件性。它是按业主的建设意图单件进行设计的。其施工内外部管理条件、所在地点的自然和社会环境、生产工艺过程等也各不相同。即使类型相同的工程项目,其设计、施工也会存在着千差万别。二是具有一次性与寿命的长期性。工程项目的实施必须一次成功,它的质量必须在建设的一次过程中全部满足合同规定要求。它不同于制造业产品,如果不合格可以报废,售出的可以用退货或退还货款的方式补偿顾客的损失。工程项目质量不合格会长期影响生产使用,甚至危及生命财产的安全。三是具有高投入性。任何一个工程项目都要投入大量的人力、物力和财力,投入建设的时间也是一般制造业产品所不可比拟的。因此,业主和实施者对于每个项目都需要投入特定的管理力量。四是具有生产管理方式的特殊性。工程项目施工地点是特定的,产品位置固定而操作人员流动。

由工程项目所具有的特点形成了工程项目质量的特点。

（一）影响因素多

如决策、设计、材料、机械、环境、施工工艺、施工方案、操作方法、技术措施、管理制度、施工人员素质等均直接或间接地影响工程项目的质量。

（二）质量波动大

工程建设因其具有复杂性、单一性,不像一般工业产品的生产那样,有固定的生产流水线,有规范化的生产工艺和完善的检测技术,有成套的生产设备和稳定的生产环境,有相同系列规格和相同功能的产品,所以其质量波动性大。

（三）质量变异大

由于影响工程质量的因素较多,任一因素出现质量问题,均会引起工程建设系统的质量变异,造成工程质量事故。

（四）质量隐蔽性

工程项目在施工过程中,由于工序交接多,中间产品多,隐蔽工程多,若不及时检查并发现其存在的质量问题,事后看表面质量可能很好,但容易产生第二判断错误,即将不合格的产品认为是合格的产品。

（五）终检局限大

工程项目建成后,不可能像某些工业产品那样,可以拆卸或解体来检查内在的质量。所以,工程项目终检验收时难以发现工程内在的、隐蔽的质量缺陷。

三、工程项目质量控制

工程项目质量控制是为达到工程项目质量要求所采取的作业技术和活动。

工程项目质量要求则主要表现为工程合同、设计文件、规范规定的质量标准。因此,工程项目质量控制就是为了保证达到工程合同规定的质量标准而采取的一系列措施、手段和方法,工程项目质量控制按其实施者不同,包括三方面:

1. 业主方面的质量控制——工程建设监理的质量控制。其特点是外部的,横向的控制。

工程建设监理的质量控制,是指监理单位受业主委托,为保证合同规定的质量标准对工程项目进行的质量控制。其目的在于保证工程项目能够按照工程合同规定的质量要求达到业主的建设意图,取得良好的投资效益。其控制依据除国家制定的法律、法规外,主要是合同文件、设计图纸。在设计阶段及其前期的质量控制以审核可行性研究报告及设计文件、图纸为主，审核项目设计是否符合业主要求。在施工阶段驻现场实地监理，检查是否严格按图施工，并达到合同文件规定的质量标准。

2. 政府方面的质量控制——政府监督机构的质量控制。其特点是外部的、纵向的控制。

政府监督机构的质量控制是按城镇或专业部门建立有权威的工程质量监督机构，根据有关法规和技术标准，对本地区（本部门）的工程质量进行监督检查。其目的在于维护社会公共利益，保证技术性法规和标准贯彻执行。其控制依据主要是有关的法律文件和法定技术标准。在设计阶段及其前期的质量控制以审核设计纲要、选址报告、建设用地申请及设计图纸为主，施工阶段以不定期的检查为主，审核是否违反城市规划，是否符合有关技术法规和标准的规定，对环境影响的性质和程度大小，有无防止污染、公害的技术措施。因此，政府质量监督机构对工程进行质量等级的核定是单位工程评定的最后质量等级，是工程交付验收的依据。

3. 承建商方面的质量控制。其特点是内部的、自身的控制。

四、工程建设各阶段对质量形成的影响

要实现对工程项目质量的控制，就必须严格执行工程建设程序，对工程建设过程中各个阶段的质量严格控制。工程建设的不同阶段，对工程项目质量的形成有着不同的作用和影响。具体表现在：

（一）项目可行性研究对工程项目质量的影响

项目可行性研究是运用技术经济学原理，在对投资建设有关的技术、经济、社会、环境等所有方面进行调查研究的基础上，对各种可能的拟建方案和建成投产后的经济效益、社会效益和环境效益等进行技术经济分析、预测和论证，确定项目建设的可行性，并在可行的情况下提出最佳建设方案作为决策、设计的依据。在此阶段，需要确定工程项目的质量要求，并与投资目标相协调。因此，项目的可行性研究直接影响项目的决策质量和设计质量。这就要求项目可行性研究对以下内容进行分析论证：

1. 建设项目的生产能力和产品类型适合和满足市场需求的限度。
2. 建设地点（或厂址）的选择是否符合城市、地区总体规划要求。
3. 资源、能源、原料供应的可靠性。
4. 工程地质、水文地质、气象等自然条件的良好性。
5. 交通运输条件是否有利生产、方便生活。
6. 治理"三废"，文物保护、环境保护等的相应措施。
7. 生产工艺、技术是否先进、成熟，设备是否配套。
8. 确定的工程实施方案和进度表是否最合理。
9. 投资估算和资金筹措是否符合实际。

（二）项目决策阶段对工程项目质量的影响

项目决策阶段，主要是确定工程项目应达到的质量目标及水平。对于工程项目建设，

需要控制的总体目标是投资、质量和进度,它们三者之间是互相制约的。要做到投资、质量、进度三者协调统一,达到业主最为满意的质量水平,则应通过可行性研究和多方案论证来确定。因此,项目决策阶段是影响工程项目质量的关键阶段,要能充分反映业主对质量的要求和意愿。在进行项目决策时,应从整个国民经济角度出发,根据国民经济发展的长期计划和资源条件,有效地控制投资规模,以确定工程项目最佳的投资方案、质量目标和建设周期,使工程项目的预定质量标准,在投资、进度目标下能顺利实现。

(三) 工程设计阶段对工程项目质量的影响

工程项目设计阶段,是根据项目决策阶段已确定的质量目标和水平,通过工程设计使其具体化。设计在技术上是否可行,工艺是否先进,经济是否合理,设备是否配套,结构是否安全可靠等,都将决定着工程项目建成后的使用价值和功能。因此,设计阶段是影响工程项目质量的决定性环节。

(四) 工程施工阶段对工程项目质量的影响

工程项目施工阶段,是根据设计文件和图纸的要求,通过施工形成工程实体。这一阶段直接影响工程的最终质量。因此,施工阶段是工程质量控制的关键环节。

(五) 工程竣工验收阶段对工程项目质量的影响

工程项目竣工验收阶段,就是对项目施工阶段的质量进行试车运转、检查评定、考核质量目标是否符合设计阶段的质量要求。这一阶段是工程建设向生产转移的必要环节,影响工程能否最终形成生产能力,体现了工程质量水平的最终结果。因此,工程竣工验收阶段是工程质量控制的最后一个重要环节。

第二节　设计阶段的质量控制

一、设计准备阶段的质量控制

在项目立项之后,就开始作设计准备,建设单位在委托设计之前要起草设计任务书,提出设计技术要求和推荐设计方案;同时,要起草设计招标文件。当然,这些工作可以委托监理来完成,也可以由业主自己完成。

(一) 设定质量目标

工程项目的质量目标,是提出设计质量要求,通过设计使其具体化。质量目标是编写设计任务书的主要内容,设计质量的优劣,直接影响工程项目的功能价值、使用价值和社会价值,因此,质量目标的设定至关重要。在设定质量目标时应注意以下几点。

1. 工程项目的质量目标是一个质量标准体系,既有项目总的目标(如项目等级),也有项目具体的分目标(如项目功能等)。设计任务书中的质量目标要具体、明确、详细、周到,使设计者能清楚地了解到业主对质量的要求。

2. 工程项目的质量目标应与投资目标相一致。质量高,投资就大,在投资控制之下,确定与其相适应的质量目标,根据需要使其功能和使用价值尽量做到符合业主的需要,但不能无节制地追求高目标,而突破投资目标。在需要和可能之间只能选一个适当的标准。

3. 质量目标的设定必须遵守城市规划、环境保护、工程质量、防火防灾、安全等一系列技术标准和技术规程,这是保证设计质量的基础,因此,质量目标的设定应在规范之内,否则会造成更大的危害和损失。

4. 质量目标的设定随着设计工作的深入会有所变动（如资金问题）,需要时可做适当调整,但确定后质量总目标不能变,只能调整局部质量目标,否则,初始确定的质量目标就没有意义了。

（二）选择设计总体方案

设计总体方案的选择要考虑到质量目标的要求,为确保质量目标,可委托设计单位做多个设计方案,组织评选,也可以组织设计竞赛等。

1. 编制好设计任务书。明确质量目标,提出参加设计方案竞赛（或竞标）工作的具体要求和深度。

2. 选择和邀请竞赛参加者。参加竞赛的人可以是监理工程师邀请的,也可以是登报公开征求的。设计任务书应送达每一个参加竞赛的人,并组织答疑会,负责回答设计者提出的问题。

3. 组织方案评选。在规定时间内,对设计者交来的设计方案,组织有关专业人员进行评审,对各方案的各项指标打分,分出名次,推荐设计方案,其推荐的方案可以是设计方案之一,也可以是综合几个方案的优点,再重新设计个方案。

4. 组织设计招标。完成质量目标的设定和总体方案的评选之后,关键的工作就是确定设计单位,监理工程师此时应协助业主设计招标,编写招标文件,参与投标单位的审核和评选工作,最后选定设计单位并签订合同委托设计。

二、初步设计阶段的质量监理

（一）设计方案优化

初步设计的第一个任务是根据设计准备阶段推荐的方案,进行完善和充实之后确定一个设计方案,作为设计方案的优选。监理工程师应参与方案的比较和筛选工作,要求设计承包人保证方案比较的深度,保证确定的设计方案具有较高的质量。

（二）保证质量总目标的实现

监理工程师应要求设计承包人严格按设计任务书的要求进行,要审查和了解设计过程中各种质量指标是否满足设计任务书的要求,有权了解和调阅设计计算资料。由于投资或其他原因需改变设计任务书中某项的局部质量目标,应征得监理工程师的同意,并报业主批准。

（三）设计的挖潜工作

初步设计阶段,可以对设计方案讨论研究,在保证质量总目标不变的情况下,尽量降低造价,提高投资效益,保证其经济合理,充分发挥设计工作的潜能是十分必要的,也是可行的。监理工程师应认真审查工程勘察计划、勘察工作的深度、设计计算书、工程量估算等项目,保证实现质量总目标。

（四）初步设计审查

初步设计结果要由业主主持组织审查,监理工程师应做好以下工作:

1. 保证设计文件齐全、准确,符合设计任务书提出的要求;

2. 保证设计文件的充分性，能够解答工程项目中应考虑到的各种问题；

3. 提前交送各部门预审查（包括业主上级主管、政府部门、有关专家、施工、监理等）；

4. 征求完各部门的意见后，进行修改、补充、加深，要求设计单位按审查意见继续完成后再组织审查。

初步设计审查批准通过后，则应报主管部门批准立项，并开始准备进行施工图设计、筹集资金、组织施工。

三、施工图阶段的质量监理

（一）设计图纸的审核

设计图纸是设计工作的最终成果，是工程施工的直接依据，所以，设计阶段质量控制任务，最终体现在设计图纸的质量上。

1. 监理工程师对设计图纸的审核

监理工程师在施工图阶段必须逐张对图纸进行审查，并签字认可。审图工作应分专业进行，必要时可查阅计算书等其他设计资料。对施工图的审查，应注重反映使用功能及质量要求是否得到满足。

（1）建施，主要审核平面尺寸、使用功能、门窗及装饰材料的选用等是否满足设计任务书的要求。

（2）结施，主要审核结构布置、材料选用、施工质量等。

（3）水施，主要审核工艺、设备和管道布置走向、材料的选用、加工安装质量等。

（4）暖施，主要审核供热、采暖、空调等设备的布置，管网走向、材料选用及安装质量等。

（5）电施，主要审核供、配电设备，灯具及电气设备的布置、材料选用及安装质量等。

2. 政府机关对设计图纸的审核

（1）是否符合城市规划的要求（如占地、红线、高度、立面等）。

（2）工程建设项目是否符合法规、技术标准要求（如安全、防火、卫生、环境等）。

（3）有关专业工程设计是否与当地公共基础设施协调（如排水、供水、供电、供暖、煤气、交通、通信等）。

（二）设计交底与图纸会审

为了使施工单位熟悉设计图纸，了解工程特点和设计意图以及对关键部位的质量要求，同时也为了减少图纸的差错，将图纸中的质量隐患消灭在施工前，监理工程师应组织设计单位和施工单位进行设计交底，组织施工单位对施工图进行会审，这是保证实现质量目标的一个不可缺少的环节。

图纸会审的内容包括：

1. 是否无证设计或越级设计，图纸是否经设计师正式签署；

2. 地质勘探资料是否齐全；

3. 设计图纸与设计说明是否齐全;
4. 设计地震烈度是否符合当地要求;
5. 几个单位共同设计的图纸相互之间、专业之间、平立面图之间有无相互矛盾的地方,标注有无漏项;
6. 总平面与施工图的几何尺寸、平面位置、标高是否一致;
7. 安全、消防是否满足要求;
8. 建筑、结构与各专业图纸本身是否有差错和矛盾,平面尺寸是否一致,表示是否清楚;
9. 施工图中采用的标准图是否具备;
10. 建筑材料是否有来源保证,施工技术、条件是否能满足设计要求;
11. 地基处理问题是否得以解决,设计与施工是否有矛盾的地方;
12. 管道、线路、道路、设备等布置是否合理,是否影响施工;
13. 图纸是否符合监理要求;
14. 周围环境有无保证。

设计交底就是由设计单位介绍设计意图、结构特点、施工要求、技术措施和有关注意事项,然后由施工单位根据图纸会审中存在的问题和需要解决的技术难题,提交交底会议,通过设计、监理、施工三方研究解决,拟定解决办法,写出会议纪要。

(三) 设计变更

当施工单位或业主方面提出变更要求时,监理工程师应审查这些要求是否合理及有没有可能,在不影响质量标准的前提下,可以会同设计做出设计变更,遇到因进度和投资上的困难而需要做设计变更,并对质量目标有影响时,应征得业主的同意,并考虑好今后的补救措施。

监理工程师处理变更的程序:

1. 设计单位对原设计存在的缺陷提出的工程变更,应编制设计变更文件;建设单位或承包单位提出的工程变更,应提交监理工程师审查,同意后由建设单位转交设计单位编制设计变更文件;当工程变更涉及安全、环保等内容时,应提交有关部门审定。

2. 监理机构应了解实际情况,收集与工程变更有关的资料。

3. 监理工程师应对变更的费用和工期做出评估。

4. 工程变更经各方同意后达成一致,监理工程师应向建设单位通报,并由建设单位与承包单位在变更上签字,由总监理工程师签发实施。

(四) 设计转包

监理工程师应对设计合同的转包、分包进行控制。承担设计的单位应完成设计工作的主要部分,小部分工作(如勘察工作、计算工作等)可以分包出去,但需经监理工程师的批准。监理工程师在批准之前,应对分包单位的资质技术能力进行调查、审核,并做出评价,决定是否能胜任设计任务。

第三节 施工阶段的质量控制

施工阶段是将项目设计意图付诸实施,并最终形成工程实体和项目使用价值的重要阶段。施工阶段的质量控制也就是对建筑产品生产过程的质量控制。此时的控制不仅要保证工程质量的各个影响要素(材料、设备、工艺、操作者和环境等)符合规定(设计文件、工程合同、质量保证体系等)的要求,而且要保证各部分的成果,即各工序和各分部分项工程符合规定,从而保证最终整个工程项目符合质量要求,达到预定的功能目标。因此,施工阶段的质量控制是工程项目质量控制的重点,也是监理工作的核心内容。图 6-1 为施工阶段的质量控制工作流程。

一、施工阶段的质量控制制度

1. 施工图纸会审、技术交底制度。工程开工前,会同业主、施工及设计单位进行图纸会审,及早发现并解决图纸中存在的问题。督促、组织设计单位向施工单位进行施工设计图纸的全面技术交底(设计意图、施工要求、质量标准、技术措施),并根据讨论决定的事项做出书面纪要交设计、施工单位执行。

2. 施工组织设计审核制度。工程开工前对施工单位呈报经其上级主管部门批准的施工组织设计、施工方案、施工进度计划进行审核,审批合格后才允许开工。

3. 工程开工申请、停工及复工管理制度。施工准备工作完成时,施工单位提出《开工申请报告》,经监理工程师现场落实符合开工条件、审批后方可开工。工程停工需复工时,也要经申请、审批后方可开工。

4. 报验、质检制度。施工机械设备、主要原材料、半成品、设备进场要进行报验;工程材料、半成品及设备应进行质检。

5. 设计变更、技术核定单处理制度。对设计变更或技术核定单须经监理、设计单位审核签字同意后才能生效,重大变更或技术、经济签认须经业主同意。

6. 工序交接验收制度。坚持上道工序不经检查验收不准进行下道工序的制度。每一道工序完成后,承包单位首先进行自检,在自检合格的基础上向监理报验,经检查合格并办理签证后方能进行下一道工序。

7. 隐蔽工程检查验收制度。对于隐蔽工程,承包单位在自检合格的基础上,填写自检记录和隐蔽工程报验单,上报监理工程师,监理工程师检查合格并在隐蔽验收单上签字后才能进行隐蔽。重点部位或重要项目会同施工、设计单位共同检查签认。

8. 质量、安全事故报告处理制度。工程质量、安全事故发生后,施工单位以书面形式逐级上报。对重大的质量事故和工伤事故,监理单位应立即上报业主和有关单位。工程质量事故处理措施必须经监理或设计单位认可,并监督其执行。

第六章 工程建设质量控制

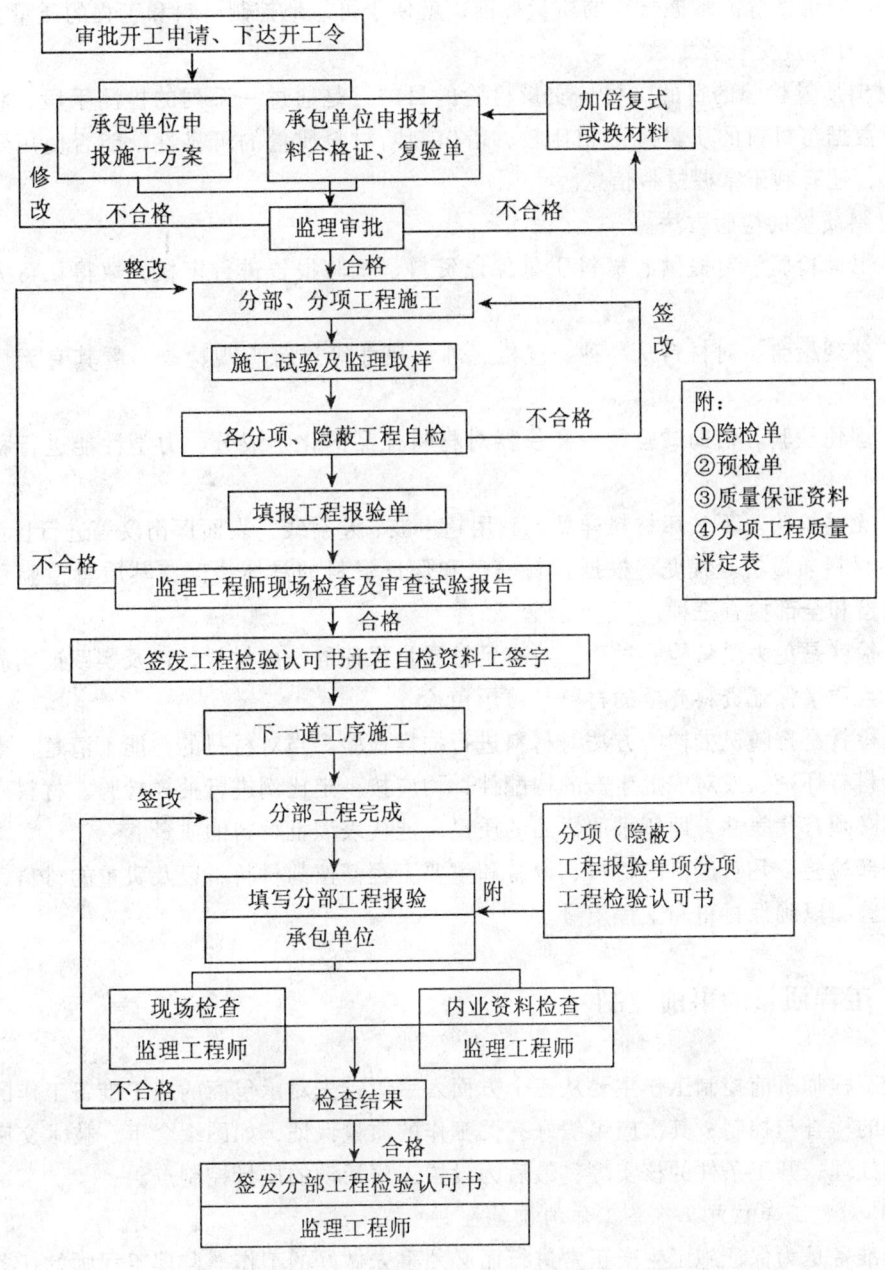

图 6-1 施工阶段的质量控制工作流程

二、材料质量控制的内容

（一）掌握材料质量标准

材料质量标准是用以衡量材料质量的尺度，也是作为验收、检验材料质量的依据。不同的材料有不同的质量标准,如水泥的质量标准有细度、标准稠度、用水量、凝结时间、强度、体积安定性等。掌握材料的质量标准,就便于可靠地控制材料和工程的质量。

(二) 材料质量检验方法

1. 材料质量检验的目的。材料质量检验的目的,是通过一系列的检测手段,将所取得的材料数据与材料的质量标准相比较,借以判断材料质量的可靠性,能否使用于工程中;同时,还有利于掌握材料信息。

2. 材料质量的检验方法。

(1) 书面检验。对提供的材料质量保证资料、试验报告进行审核,取得认可方能使用。

(2) 外观检验。对材料从品种、规格、外形尺寸等进行直观检查,看其有无质量问题。

(3) 理化检验。借助试验设备和仪器对材料样品的化学成分、力学性能进行科学鉴定。

(4) 无损检验。不破坏材料样品,利用超声波、X射线、表面探伤仪等进行检测。

(5) 材料质量检验程度。根据材料信息和保证资料的具体情况,其质量检验程度分免检、抽检和全部检查三种。

①免检就是免去质量检验过程。对有足够质量保证的一般材料,以及实践证明质量长期稳定,且质量保证资料齐全的材料,可予免检。

②抽检就是按随机抽样的方法对材料进行抽样检验。当对材料的性能不清楚,或对质量保证资料有怀疑,或对成批生产的构配件,均应按一定比例进行抽样检验。材料质量检验的取样必须有代表性,即所采取样品的质量应能代表该批材料的质量。

③全部检验。凡对进口的材料、设备和重要工程部位的材料,以及贵重的材料,应进行全部检验,以确保材料和工程质量。

三、工程质量的事前控制

监理工程师事前控制工作主要从三个方面入手。首先对承包商的施工准备工作的质量进行全面的检查与控制;其次应组织好有关工作的质量保证,如图纸会审、技术交底以及设计变更处理、开工条件的核实等;最后为设置工序活动的质量控制点。

(一) 对施工单位施工准备工作的质量控制

施工准备是为保证施工生产正常进行而必须事先做好的工作。监理工程师的任务就是督促施工单位为工程项目创造必要的施工条件,确保施工生产顺利进行。

1. 核查承包单位的质量保证体系。核查承包单位的机构设置、人员配备、职责与分工的落实情况,督促各级专职质量检查人员的配备,查验各级管理人员及专业操作人员的持证情况,检查承包单位质量管理制度是否健全。

2. 检验施工测量放线成果。监理工程师应检查承包单位的专职测量人员的岗位证书及测量设备检定证书。使用的测量设备应进行标定。承包单位应填写《施工测量放线报验单》报项目监理部查验。对承包单位的报验,监理工程师应进行必要的内业及外业复核，符合规定时，由监理工程师签认。监理工程师应检查承包单位对红线桩、水准点、工程的控制桩等是否采取有效保护措施。

3. 签认材料的报验。承包单位应按有关规定对主要原材料进行复试，并将复试结果及材料准用证、出厂质量证明等资料随《材料/构配件/设备报验单》报项目监理部签认；对新材料、新产品要核查鉴定证明和确认文件；对进场材料进行抽样复试，必要时可会同业主到材料厂家进行实地考察；审查混凝土、砌筑砂浆《配合比申请单和配合比通知单》，并应对现场搅拌设备（含计量设备）、现场管理进行检查；对商品混凝土生产厂家的资质和生产能力进行考查。

4. 签认建筑构配件、设备报验。监理工程师应参与订货厂家的考察、评审，根据合同的约定参与订货合同的拟订和签约工作；进场的构配件和设备，承包单位应进行检验、测试，判断合格后，填写《材料/构配件/设备报验单》报项目监理部；监理工程师进行现场检验，签认审查结论。

5. 检查进场的主要施工设备。承包单位主要施工设备进场并调试合格后，使用《月工、料、机动态表》报项目监理部；监理工程师应审查施工现场主要设备的规格、型号是否符合施工组织设计的要求；对需要定期标定的设备（如仪器、磅秤等）承包单位应有标定证明。

6. 审定施工组织设计（施工方案）。

（1）承包单位的项目经理部编制的施工组织设计必须在开工前填写《施工组织设计（施工方案）报审表》，报项目监理部审定。

（2）项目监理部总监理工程师组织监理工程师审定，由总监理工程师签认，批准实施；需要承包单位修改时，应由总监理工程师签发书面意见退回承包单位修改，修改后再报，重新审定。

（3）对于重大或特殊工程，项目监理部还应将施工组织设计报监理单位总工程师审定后再签认发给承包单位。

（4）经项目监理部审定后的施工组织设计（施工方案），承包单位如需做较大的变动，须经总监理工程师审定同意。

（5）规模较大、工艺较复杂的工程，群体工程或分期出图的工程，经总监理工程师批准，可分阶段报批施工组织设计（施工方案）。

（6）技术复杂或采用新技术的分项、分部工程，承包单位应编制施工方案，报项目监理部审定。

（7）审查主要分部（分项）工程施工方案。项目监理部可规定某些主要分部分项工程施工前，承包单位应将施工工艺、原材料使用、劳动力配置、质量保证措施等情况编写专项施工方案，填《施工组织设计（施工方案）报审表》，报项目监理部；承包单位应将季节性的施工方案（冬施、雨施等），提前填写《施工组织设计（施工方案）报审表》报项目监理部；方案未经批准，该分部（分项）工程不得施工。

（二）监理工程师的质量保证工作

1. 设计交底记录。设计单位对监理单位、承包单位提出的施工图纸中问题的答复应由承包单位负责整理,图纸会审纪要应经业主、设计单位、监理单位、承包单位签认。

2. 开工条件审核。承包单位认为建设项目已经达到开工条件时应向项目监理部申报《工程动工报审表》。监理工程师应核查下列条件:政府主管部门是否签发《建设工程开工许可证》,复查承包单位资质等级、项目经理及主要工种人员的上岗资格,施工组织设计已经项目总监理工程师审定,测量控制桩已检查合格,承包单位人员已到位,施工设备已按需要进场,主要材料供应已落实,施工现场道路、水、电、通信等是否达到开工条件,业主建设资金已基本落实。

监理工程师审核认为具备开工条件时,报经业主同意,由总监理工程师在承包单位报送的《工程动工报审表》上签署意见。

(三) 设置质量控制点

质量控制点是指为了保证工序质量而确定的重点控制对象、关键部位或薄弱环节,设置质量控制点是保证达到工序质量要求的必要前提。

针对设置的质量控制点,事先分析在施工中可能发生的质量隐患和问题,分析可能的原因,提出相应的对策,采取有效的措施进行预先控制,以防止或减少在施工中发生问题。

四、工程质量的事中控制

(一) 巡视与旁站

在巡视过程中发现并及时纠正施工中存在的问题,对施工过程的重点部位和关键控制点进行旁站。对所发现的问题先口头通知承包单位改正,然后应由监理工程师签发《监理通知》。承包单位应将整改结果书面回复,监理工程师要进行复查。

(二) 核查工程预检

承包单位填写《预检工程检查记录》报送项目监理部核查,监理工程师对《预检工程检查记录》的内容到现场进行抽查。对不合格的分项工程,书面通知承包单位整改,并跟踪复查,合格后以文件形式准予进行下一道工序。

(三) 验收隐蔽工程

承包单位按有关规定对隐蔽工程先进行自检,自检合格,将《隐蔽工程检查记录》报送项目监理部;监理工程师对《隐蔽工程检查记录》的内容现场进行检测、核查。对隐检不合格的工程,应由监理工程师签发《不合格工程项目通知》,由承包单位整改,合格后由监理工程师复查。对隐检合格的工程应签认《隐蔽工程检查记录》,并准予进行下一道工序。

(四) 检验批

检验批是施工过程中条件相同并具有一定数量的材料、构配件或安装项目,由于其质量基本均匀一致,故可以作为检验的基础单位,按批验收。检验批是工程验收的最小单位,是分项工程乃至整个建筑工程质量验收的基础。

五、工程质量的事后控制

（一）质量问题和质量事故处理

工程质量事故是指在施工过程中，未达到设计文件、承包合同和建设工程质量验收标准的要求，造成（或隐含）危及工程功能、使用价值和工程结构安全的事故。监理工程师可针对质量问题的严重程度确定质量事故级别，包括一般质量问题、一般质量事故、重大质量事故，分别处理。

1. 一般质量问题。对一般质量问题且可通过返修弥补的质量缺陷，应责成承包单位先写出质量问题调查报告，提出处理方案，监理工程师审核后（必要时要经业主和设计单位认可），批复承包单位处理，处理结果应重新进行验收。

2. 一般质量事故。对一般质量事故需要返工处理或加固补强的，应责成承包单位先写出质量问题调查报告，提出处理意见，总监理工程师应审核方案，签发《工程部分暂停指令》，再与业主和设计单位研究，经设计单位提出处理方案，批复承包单位处理，处理完毕后应重新进行验收。

3. 重大质量事故。对重大质量事故应立即保护现场，立即报建设行政主管部门处理。施工中发现的质量事故，承包单位应按有关规定上报处理；总监理工程师应书面报告监理单位；监理工程师应对质量问题和质量事故的处理结果进行复查，并将完整的质量问题处理记录归档。

（二）竣工验收

工程项目竣工验收是建设项目实施阶段的最后一个步骤；它是全面考核工程建设成果，检查建设项目是否符合设计要求和施工质量的关键环节；也是检查工程合同执行情况，保证建设项目及时投产或交付使用，发挥投资效果的重要步骤。

监理工程师应协助业主做好竣工验收准备工作，督促施工单位做好竣工验收的准备。建设工程项目全部完成，经各单项工程的验收，符合设计要求，并具备竣工图、竣工决算、工程总结等必要的文件资料后，由工程项目主管部门或业主向负责验收的单位提出竣工验收申请报告。

竣工验收完成后，由项目总监理工程师和业主代表共同签署《竣工移交证书》，并由监理单位、业主盖章后，送达承包单位一份。

第四节 设备采购与制造安装的质量控制

一、设备采购的质量控制

（一）设备市场采购的质量控制

建设单位直接采购，监理工程师要协助编制设备采购方案；总包单位或者设备安装单位采购，监理工程师要对总承包单位或安装单位编制的采购方案进行审查。

负责设备采购质量控制的监理工程师应熟悉和掌握设计文件中设备的各项要求、技术说明和规范标准，并对存在的问题通过建设单位向设备设计单位提出意见和建议。由总包单位或安装单位采购的设备，采购前要向监理工程师提交设备采购方案，经审查同意后方可实施。审查内容包括：采购的基本原则，保证设备质量的具体措施，依据的图纸、规范和标准，质量标准，检查及验收程序，质量文件要求等。

（二）向生产厂家订购设备的质量控制

设备订购前要作好厂商的评审和实地考察。主要考察供货厂商的资质，设备供货能力，近几年供应、生产、制造类似设备的情况，企业的财务状况以及要分包采购的原材料、配套零部件及元器件的情况等。然后，由项目监理机构会同建设单位或采购单位一起对供货厂商做进一步现场实地考察调研，提出监理企业的看法，与建设单位一起做出考察结论。

（三）招标采购设备的质量控制

设备招标采购一般用于大型、复杂、关键设备和成套设备及生产线设备的订货。选择合适的设备供应单位是关键环节。在设备招标采购阶段，监理企业应该当好建设单位的参谋和帮手，把好设备订货合同中技术标准、质量标准的审查关。

1. 掌握设计对设备提出的要求，协助建设单位起草招标文件、审查投标单位的资质情况和投标单位的设备供货能力，做好资格预审工作。

2. 参加对设备供货厂商或投标单位的考察，提出建议，与建设单位一起做出考察结论。

3. 参加评标、定标会议，帮助建设单位进行综合比较和确定中标单位，评标时对设备的制造质量、设备的使用寿命和成本、维修的难易及备件的供应、安装调试、投标单位的生产管理、技术管理、质量管理和企业的信誉等几个方面做出评价。

4. 协助建设单位向中标单位或设备供货厂商移交必要的技术文件。

二、设备制造的质量控制

对于某些重要的设备，要对设备制造厂生产制造的全过程实行监造。设备监造是指具有资质的监理企业依据委托监理合同和设备订货合同对设备制造过程进行的监督活动。

（一）设备制造前的质量控制

设备制造前的质量控制主要有：熟悉图纸、合同，掌握标准、规范、规程，明确质量要求；明确设备制造过程的要求及质量标准；审查设备制造的工艺方案；对设备制造分包单位的审查；检验计划和检验要求的审查；对生产人员上岗资格的检查；用料的检查等。

（二）设备制造过程中的质量控制

制造过程的质量控制是设备制造质量控制的重点。制造过程涉及一系列不同的加工工序，不同加工制造工艺形成不同的工序产品、零件和半成品。

1. 在制造过程中的监督和检验主要有：对加工作业条件的控制，对工序产品的检查与控制，对不合格零件的处置，对设计变更的审核以及对零件、半成品、制成品的保护等。

2. 设备的装配和整机性能检测，是设备出厂前质量控制的重要检测阶段，监理工程师应监督整个装配过程，检查配合面的配合质量、零部件的定位质量及它们的连接质量、运动件的运动精度等，当符合装配质量要求时予以签认。

另外，还要监督设备的调整试车和整机性能检测，符合要求后予以签认。

3. 设备出厂的质量控制，先要经监理工程师进行出厂前的检查。监理工程师主要按设计要求检查设备制造单位对待运设备采取的防护和包装措施，并检查是否符合运输、装卸、储存、安装的要求，以及相关的随机文件、装箱单和附件是否齐全，符合要求后由总监理工程师签认同意后方可出厂。为保证设备的质量，制造单位在设备运输前应做好包装工作和制订合理的运输方案，监理工程师要对设备包装质量进行检查，审查设备运输方案。对设备运输过程中的重点环节进行控制，检查运输方案的执行情况，对装卸、运输、储存过程进行检查并做好记录，若发现问题应及时提出并会同有关单位做好文件签署手续。

4. 对质量记录资料进行监控，主要有制作单位质量管理检查资料，设备制造依据及工艺资料，设备制造材料的质量记录，零部件加工检查验收资料等。监理工程师对这些质量记录资料要求真实、齐全完整，相关人员的签字齐备，结论要准确。质量记录资料与制造过程要同步，组卷、归档要符合接收及安装单位的规定。

（三）设备的检查验收

为确保设备质量，监理工程师需要做好设备检查验收的质量控制。设备的检查验收包括供货单位出厂前的自查检验及用户或安装单位在设备进入安装现场后的检查验收。

1. 设备检验的要求

对整机装运的新购设备，应进行运输质量及供货情况的检查。对解体装运的自组装设备，在对总成、部件及随机附件、备品进行外观检查后，应尽快组织工地组装并进行必要的检测试验。工地交货的机械设备，一般都由制造厂在工地进行组装、调试和生产性试验，自检合格后才提请订货单位复验，复验合格后，才能签署验收。调拨的旧设备的测试验收，应基本达到"完好设备"的标准，全部验收工作应在调出单位所在地进行，若测试不合格就不装车发运。对于永久性或长期性的设备改造项目，应按原批准方案的性能要求，经一定的生产实践考验并鉴定合格后才予验收。对于自制设备，在经过6个月的生产考验后，按试验大纲的性能指标测试验收，决不允许擅自降低标准。

关于保修期与索赔期的规定：一般国产设备自发货日起12~18个月；进口设备6~12个月。有合同规定者按合同规定执行。对进口设备应力争在索赔期的上半年或至迟9个月内安装调试完毕，以争取3~6个月的时间进行生产考验，发现问题及时提出索赔。

2. 设备检验的质量控制

设备检查验收前，设备安装单位要提交设备检查验收方案，经监理工程师审查同意后，方可实施。监理工程师要做好质量控制计划，内容包括设备检查验收的程序，检查项目、标准、检验、试验要求，设备合格证等质量控制资料的要求，是否具有权威性的质量认证等。设备检验程序一般如下。

（1）设备进入安装现场前，总承包单位或安装单位应向项目机构提交《工程材料/构配件/设备报审表》，同时附有设备出厂合格证及技术说明书、质量检验证明、有关图纸及技术资料，经监理工程师审查，如符合要求，则予以签认，设备方可进入安装现场。

（2）设备进场后，监理工程师应组织设备安装单位在规定时间内进行检查，此时供货方或设备制造单位应派人参加，按供货方提供的设备清单及技术说明书、相关质量控制资料进行检查验收，经检查确认合格，则验收人员签署验收单。如发现供货方质量控制资料有误，或实物与清单不符，或对质量文件资料的正确性有怀疑，或设计文件及验收规程规定必须复验合格后才可安装，应由有关部门进行复验。

（3）如经检验发现设备质量不符合要求时，则监理工程师拒绝签认，由供货方或制造单位予以更换或进行处理，合格后再进行检查验收。

（4）工地交货的大型设备，一般由厂方运到工地后组装、调整和试验，经自检合格后再由监理工程师组织复验，复验合格后才能予以验收。

（5）进口设备的检查验收应会同国家商检部门进行。

设备检验方法主要有开箱检查、专业检查及单机无负荷试车或联动试车。

三、设备安装的质量控制

设备安装应从设备开箱起，直到设备的空载试运转，必须带负荷才能试运转的应进行负荷试运转。在安装过程中监理工程师要做好安装过程的质量监督和控制，对安装过程中的每一个分项、分部工程和单位工程进行质量检查验收。

（一）设备安装前的质量控制

1. 审查安装单位提交的设备安装施工组织设计和安装施工方案。

2. 检查作业条件如运输道路、水、电、气、照明及消防设施，主要材料、机具及劳动力是否落实，土建施工是否已经满足设备安装要求；安装工序中如有恒温、恒湿、防震、防尘、防辐射要求时是否有相应的保证措施；当气象条件不利时是否有相应的措施。

3. 采用建筑结构作为起吊、搬运设备的承力点时，是否对结构的承载力进行了核算，是否征得设计单位的同意。

4. 设备安装中采用的各种计量和检测器具、仪器、仪表和设备是否符合计量规定（精度等级不得低于被检对象的精度等级）。

5. 检查安装单位的质量管理体系是否建立健全，督促其不断完善。

（二）设备安装过程中的质量控制

设备安装过程中的质量控制要注意：安装过程中的隐蔽工程，隐蔽前必须进行检查验收，合格后方可进入下道工序。设备安装中要坚持施工人员自检，下道工序的互检，安装单位专职质检人员的专检及监理工程师的复检，并对每道工序进行检查和记录。安装过程中使用的材料必须符合设计和产品标准的规定，有出厂合格证明及安装单位自检结果。

1. 设备基础的质量控制

设备在安装就位前，安装单位应对设备基础进行检验，自检合格后提请监理工程师进行检查。监理工程师对设备基础的质量检查应注意：所有基础表面的模板、固定架及露出基础外的钢筋等必须拆除。基础表面及地脚螺栓预留孔内油污、碎石、泥土及杂物、积水等应全部清除干净，预埋地脚螺栓的螺纹和螺母应保护完好，放置垫铁部位的表面应凿平。所有预埋件的数量和位置要正确，对不符合要求的质量问题，应指令承包单位立即进行处理，直到检验合格为止。

2. 设备就位和调平找正

正确地找出并划定设备的基准线，然后根据基准线将设备安放到正确位置上，统称就位。监理工程师的质量控制就是对安装单位的测量结果进行复核，并检查其测量位置是否符合要求。设备调平找正分设备找正、设备初平和设备精平。监理工程师要对安装单位选择的测点进行检查及确认，对设备调平找正使用工具、量具的精度进行审核，以保证精度满足质量要求。对安装单位进行设备初平、精平的方法进行审核或复验，以保证设备调平找正达到规范的要求。

3. 设备复查与二次灌浆

每台设备在安装定位、找正调平以后，安装单位要进行严格的复查工作，使设备的中心和水平及螺栓调整垫铁的松紧度完全符合技术要求，并将实测结果记录在质量表格中。安装单位经自检确认符合安装技术标准后，提请监理工程师进行检验，经监理工程师检查合格，安装单位方可进行二次灌浆工作。

4. 设备安装质量记录资料的控制

设备安装的质量记录资料主要有安装单位质量管理检查资料，安装依据，设备、材料的质量证明资料，安装设备验收资料等。监理工程师应要求安装的质量记录资料要真实、齐全完整，签字齐备；所有资料结论明确；质量记录资料要与安装过程的各阶段同步；组卷、归档要符合建设单位及接收使用单位的要求，国际投资的大型项目，资料应符合国际重点工程对验收资料的要求。

（三）设备试运行的质量控制

设备安装单位认为达到试运行条件时，应向项目监理机构提出申请试运转。经现场监理工程师检查并确认满足设备试运行条件时，由总监理工程师批准，设备安装承包单位进行设备试运行。试运行时，建设单位及设计单位应有代表参加。

监理工程师在设备试运行过程的质量控制主要是监督安装单位按规定的步骤和内容进行试运行。试运行一般可分为准备工作、单机试车、联动试车、投料试车和试生产四个阶段来进行。试运行中应坚持下述步骤。

1. 从无负荷到有负荷。
2. 由部件到组件，由组件到单机，由单机到机组。
3. 分系统进行，先主动系统后从动系统。
4. 从低速逐级增到高速。
5. 先手控、后遥控运转，最后进行自控运转。

监理工程师应参加试运行的全过程，督促安装单位做好各种检查及记录，试车中如出现异常，应立即进行分析并指令安装单位采取相应措施。

第五节 工程质量评定与竣工验收

工程质量评定是指工程在建设过程中或单位工程竣工后，对照设计要求和国家规范、标准的规定，按照国家（部门）规定的有关评定规则进行质量评定，确定工程项目（单位工程），达到的质量等级。

竣工验收是指在工程项目（单位工程）竣工后，按照承包合同规定的质量条款及承包内容进行质量验收，以便对工程项目（单位工程）作出质量评价。

一、分项工程质量评定

（一）分项工程的质量等级标准

1. 合格

（1）保证项目必须符合相应质量检验评定标准的规定。

（2）基本项目抽检的指标应符合质量检验评定标准的合格规定。

（3）允许偏差项目抽检的点数中，建筑工程有70%及其以上，建筑设备安装工程有80%及其以上的实测值在相应质量检验评定标准的允许偏差范围内。

2. 优良

（1）保证项目必须符合相应质量检验评定标准的规定。

（2）基本项目抽检每项指标应符合相应质量检验评定标准的合格规定，其中有50%及其以上的处、件符合优良规定，该项即为优良。

（3）允许偏差项目抽检的点数中，有90%及其以上的实测值应在相应质量检验评定标准的允许偏差范围内。

3. 保证项目

保证项目是必须达到的要求，是保证工程安全或主要使用功能的重要检验项目。条文中采用"必须"或"禁止"用词表示，以突出其重要性。

4. 基本项目

基本项目是保证工程安全或使用性能的基本要求。条文中采用"应"、"不应"等词表示。其指标分为"合格"和"优良"两级。

5. 允许偏差项目

允许偏差项目是分项工程检验项目中，规定有允许偏差范围的项目。

（二）分项工程评定用表使用说明

评定用表是各分项工程专用的，是将某一分项工程的保证项目、基本项目和允许偏差项目的质量指标，一一列入分项工程的样表，并注明各项目的填写方法及注意事项。

二、分部工程质量评定

1. 合格

所含分项工程的质量全部合格。

2. 优良

所含分项工程的质量全部合格,其中有50%及其以上为优良(建筑设备安装工程中,必须有指定的主要分项工程)。

3. 分部工程质量的评定

分部工程的基本评定方法是用统计方法评定。所含的分项工程都必须达到合格标准,才能进行分部工程质量评定。如所含分项工程质量全部合格,分部工程评为合格;所含分项工程质量全部合格,其中有50%及其以上的分项工程质量达到优良,分部工程的质量评为优良。

在用统计方法评定的同时,还要注意在评定分部工程质量优良时,指定的主要分项工程必须达到优良。

三、单位工程质量的综合评定

(一)单位工程的质量等级标准

1. 合格

(1)所含分部工程的质量应全部合格。

(2)质量保证资料应基本齐全。

(3)观感质量的评定得分率应达到70%及其以上。

2. 优良

(1)所含分部工程的质量应全部合格,其中有50%及其以上优良,建筑工程必须含主体和装饰分部工程;以建筑设备安装工程为主的单位工程,其指定的分部工程必须优良。

(2)质量保证资料应基本齐全。

(3)观感质量的评定得分率应达到85%及其以上。

3. 单位工程的检验评定

单位工程质量由分部工程质量等级统计汇总,以及直接反映单位工程结构安全和使用功能质量的质量保证资料核查和观感质量评定三个方面来综合评定。

(1)分部工程质量等级统计汇总

其目的是突出施工过程的质量控制。把分项工程质量的检验评定作为保证分部工程和单位工程质量的基础,分项工程质量达不到合格标准,必须进行返工或维修,处理达到合格后才能进行下道工序。这样分部工程质量才能保证,单位工程质量也就有了保证。

(2)质量保证资料核查

主要是对建筑结构、设备性能和使用功能方面的主要技术性能的审核。每个分项工程在质量检验评定中,虽然都对主要技术性能进行了检验,但由于它的局限性而对有些主要技术性能不能全面的、系统的检验评定。因此,就需要通过检查单位工程的质量保证资料,对主要技术性能进行系统的、全面的检验评定。如一个工程的空调系统,只有在单位工程完成后,才能综合调试,取得需要的结果。

(3) 观感质量评定

观感质量评定是在工程竣工后进行的一项重要评定工作,它是全面评价一个单位工程的外观及使用功能质量,并不是单纯的外观检查,而是对工程进行一次宏观的、全面的检查,同时也可核查分项、分部工程检验的正确性,以及对在分项工程检验评定中,还不能检查的项目进行核查等。如工程有没有不均匀下沉、有没有出现裂缝等。

四、工程项目的竣工验收

工程项目竣工验收是工程建设的一个重要阶段,是工程建设的最后一个程序,是全面检验工程建设是否符合设计要求和施工质量的重要环节。

(一) 竣工验收的范围及依据

1. 验收范围

凡是新建、扩建、改建的基本建设项目和技术改造项目,按批准的设计文件和合同规定的内容建成;对住宅小区的验收还应验收土地使用情况等。

2. 验收依据

竣工验收的依据是批准的设计任务书、初步设计、技术设计文件、施工图、设备技术说明书、有关建设文件,以及现行的施工技术验收规范等;施工承包合同、协议、会议纪要等。

(二) 竣工验收的程序及内容

1. 验收程序

根据工程项目的规模大小和复杂程度,验收可分为验收准备、初步验收和正式验收三阶段进行。

(1) 验收准备

工程项目全部建设完成,经过各单位工程的验收,符合设计要求,经过工程质量核定达到合格标准。承包商要按照国家有关规定整理各项交工文件及技术资料、工程盘点清单、工程决算书、工程总结等必要文件资料,提出交工报告;业主、监理工程师要督促和配合承包商、设计单位做好工程盘点、工程质量评价、文件资料的整理,包括项目可行性研究报告,项目立项批准书,土地、规划批准文件,设计任务书,初步或扩大初步设计,概算及工程决算等。同时,做好生产及试生产准备,组织人员进行竣工资料整理,绘制竣工图,编制竣工决算,起草竣工验收报告等工作。

(2) 初步验收(预验收)

工程项目在正式验收之前,由承包商、设计单位、监理工程师等进行初步验收。验收时,可请一些有经验的专家参加。初步验收时,重点检查各项工作是否达到了验收的要求,对各项文件、资料认真审查。经过初步验收,找出不足,进行整改,然后申请正式验收。

(3) 正式验收

主管部门及有关单位收到竣工验收报告后，经认真审查符合验收条件时，要及时安排组织验收，并组成专家、部门代表参加的验收委员会，对《竣工验收报告》分专业进行认真审查，然后提出《竣工验收鉴定书》。

2. 竣工验收报告书

竣工验收报告书，一般包括以下内容：

(1) 工程项目总说明。

(2) 技术档案建立情况。

(3) 建设情况：包括工程完成情况，工程质量情况，试生产情况，设备运行及生产指标情况，工程决算情况，环保、卫生、安全设施建设情况等。

(4) 效益情况：包括试生产时经济效益与设计效益的比较，各项经济技术指标与国外同行业的比较，对环境效益、社会效益的评估，还贷能力、预期投资回报率等。

(5) 合资各方的资产证明。

(6) 存在和遗留问题。

(7) 有关附件。

3. 竣工验收报告书的主要附件

(1) 工程项目概况一览表。

(2) 已完单位工程一览表。

(3) 未完工程项目一览表。

(4) 已完设备一览表。

(5) 应完未完设备一览表。

(6) 竣工项目财务决算综合表。

(7) 概算调整与执行情况一览表。

(8) 交付使用（生产）单位财产总表及交付使用（生产）一览表。

(9) 单位工程质量汇总项目总体质量评价表。

4. 验收委员会的《竣工验收鉴定书》的主要内容

(1) 验收时间。

(2) 验收工作概况。

(3) 工程概况：包括工程名称、工程规模、工程地址、建设依据、设计单位、承包商、建设工期、实物完成情况、土地利用情况等。

(4) 工程项目建设情况：包括建筑工程、安装工程、设备安装、环保、卫生、安全设施等。

(5) 生产工艺及水平、生产准备及试生产情况。

(6) 竣工决算情况。

(7) 工程质量的总体评价：包括设计质量、施工质量、设备质量、室外工程、环境质量的评价。

(8) 经济效益、社会效益、环境效益的评价。

（9）遗留问题及处理意见。

（10）验收委员会对项目（工程）验收结论，包括对验收报告逐项检查认定，并有总体评价，是否同意验收。

（三）竣工验收的组织

1. 验收权限的划分

（1）大中型项目由国家组织或委托有关部门组织验收，省建委参与验收。

（2）地方大中型项目由省级主管部门组织验收。

（3）其他小型项目由地市级主管部门或业主组织验收。

2. 验收委员会的组成

验收委员会一般有业主、承包商、设计单位、接管单位参加，并邀请主管部门、银行、环保、卫生、消防等有关部门组成验收委员会。

3. 验收委员会的主要工作

审查竣工验收报告书；对建筑安装工程现场检查；检查试车生产情况；对设计、施工、设备质量等作出全面评价；签署竣工验收鉴定证书。

（四）竣工验收中有关工程质量的评价工作

竣工验收是一项综合性很强的工作，作为质量控制方面的工作有：

1. 做好每个单位工程的质量评价
2. 对整个工程项目的工程质量给以评价
3. 工艺设备质量及安全的质量评价
4. 督促承包商做好施工总结
5. 协助业主审查工程项目竣工验收资料

（1）工程项目开工报告；

（2）工程项目竣工报告；

（3）图纸会审和设计交底记录；

（4）设计变更通知单；

（5）技术变更核订单；

（6）工程质量事故发生后调查、处理资料；

（7）水准点位置、定位测量记录等；

（8）材料、设备、构件的合格证明材料；

（9）试验、检验报告；

（10）隐蔽工程验收记录及施工日志；

（11）竣工图；

（12）质量检验评定资料；

（13）工程竣工验收资料。

第六节 工程质量事故处理

凡是工程质量不符合规定的质量标准或设计要求的，都叫工程质量事故。由于工程项且在施工过程中影响质量的因素很多,也易于产生系统因素变异,所以,不可避免地会出现工程质量事故。当发现质量事故后,监理工程师应主动积极地与施工单位配合,严肃、认真地分析,及时处理质量事故。

一、工程质量事故的特点

(一) 复杂性

由于建筑产品及施工生产的技术经济特点,造成质量事故的原因极其复杂,即使同一性质的质量事故,原因有时截然不同。所以,对质量事故的性质和危害的分析、判断、处理均增加了复杂性。

(二) 严重性

建筑工程质量事故,轻者影响施工顺利进行,拖延工期,增加工程费用,重者,给工程留下隐患,影响安全使用或不能使用;更为严重的是引起建筑物倒塌,造成人民生命财产的巨大损失。所以,对工程质量事故问题决不能掉以轻心,务必及时进行分析处理,以确保建筑物的安全和正常使用。

(三) 可变性

许多工程质量问题还将随着时间而不断发生变化。例如,钢筋混凝土结构出现的裂缝,将随着环境湿度、温度的变化而变化,或随着荷载的大小和持荷时间而变化。所以,在分析、处理工程质量事故时,一定要特别重视质量事故的可变性,要及时采取可靠的措施,以免事故的进一步恶化。

(四) 多发性

建筑工程中有些事故,就像"常见病"、"多发病"一样经常发生,而成为质量通病,如屋面、卫生间漏水、渗水;抹灰层开裂、脱落;预制构件裂缝等。另有一些同类型事故,往往一再重复发生,如悬挑梁、板的断裂等。因此,对多发性质量事故要认真总结经验,吸取教训,采取有效预防措施,从而保证和提高建筑工程质量。

二、工程质量事故分类

(一) 按事故造成的后果分

工程质量事故按事故所造成的后果可分为未遂事故和已遂事故。凡通过检查所发现的问题经自行解决处理,未造成经济损失或延误工期的,均属于未遂事故;凡造成经济损失及不良后果者,则构成已遂事故。

(二) 按事故产生的原因分

工程质量事故按事故产生的原因可分为指导责任事故和操作责任事故。指导责任事故是指由于技术交底或施工中指导错误而导致的质量事故;操作责任事故是指操作者违反操作规程而导致的质量事故。

(三) 按事故的性质分

工程质量事故按其性质分为一般事故和重大事故。一般事故系指工程质量不符合设计要求及合同规定的质量标准，需要返工修补处理，处理后仍能满足要求者且经济损失在 0.5 万～10 万元者。凡具有下列情况之一者，则属重大事故：

1. 建筑物、构筑物或其他主要结构倒塌；
2. 超过规范规定的基础不均匀下沉、建筑物倾斜、结构开裂和主体结构强度严重不足等影响结构安全和建筑物寿命，造成不可补救的永久性缺陷；
3. 影响建筑设备及其相应系统的使用功能、造成永久性缺陷；
4. 经济损失在 10 万元以上者。

凡已形成的一般事故和重大事故，均应进行调查、统计、分析、记录，提出处理意见上报主管部门，严禁隐瞒、不报或谎报。

三、产生工程质量事故的原因

工程质量事故表现的形式多种多样，造成质量事故的原因也很多，主要有：

1. 违反基本建设程序。例如不作深入调查分析就拍板定案；没有搞清工程地质和水文地质情况就仓促开工；工艺不过关的情况下盲目兴建等。
2. 地基处理失误。对软弱土、杂填土、湿陷性黄土、膨胀土、红粘土、岩层出露、溶岩、土洞等不均匀地基未进行处理或处理不当均是导致重大质量事故的原因。
3. 设计失误。如盲目套用图纸、结构方案不正确、计算简图与实际受力不符等。
4. 施工管理不善。如违反操作规程、施工措施不当、技术水平低、机械设备选用不当、施工现场管理混乱等。
5. 建筑材料及制品不合格。如钢筋力学性能不良，水泥受潮、过期结块，预制构件断面尺寸不准，支承锚固长度不足等。
6. 自然条件影响。建筑施工露天作业多，受自然条件影响大，温度、湿度、日照、雷电、洪水、大风、暴雨等都能造成重大的质量事故。

四、工程质量事故的处理

（一）工程质量事故处理的程序

质量事故发生后，承包单位应立即报告监理工程师，并分析事故原因，提出处理意见，监理工程师应及时组织调查和批复。

首先应详细调查发生事故的基本情况，如发生时间、地点、现状以及发展变化等，在事故调查的基础上，组织有关人员进行分析研究，找出事故发生的主要原因。事故原因查明后，应立即研究处理方案，由设计和施工单位负责实施，并由监理工程师组织检查验收，对处理后的工程质量作出相应的结论。

（二）工程质量事故的调查分析

在进行事故调查时，要查清事故原因，进行分析研究，在分析原因的基础上，写出事故调查报告。报告的内容一般为：

1. 事故的基本情况。基本情况包括事故发生的时间和地点、事故扼要描述、事故的观测记录、事故的发展变化趋势等。

2. 事故的性质及类型。可根据事故现场的基本情况，判别事故的性质及类型，决定是否需及时处理或及时采取保护措施。

3. 事故的原因。事故的原因应说明事故的主要原因，例如地基不均匀沉陷、温度变化、施工工艺、原材料缺陷等。

4. 事故的评价。事故的评价应说明事故对建筑物的功能、安全等方面的影响程度，并应有实测、试验和验算数据等依据。

5. 事故责任人员情况。事故责任人员情况是指应说明事故所涉及的人员和主要责任者的基本情况，所担负的工作及所应承担的责任。

6. 事故意见。事故意见是指应说明设计、施工和运营管理单位对事故的意见及要求。

（三）工程质量事故的处理方案

在研究事故处理时，应在调查分析的基础上，本着安全可靠、不留隐患、满足建筑功能和使用要求，技术可靠、经济合理、施工方便的原则，进行妥善处理。常用的处理方案有：

1. 封闭保护。对后续工序有影响，但不会产生永久性质量后患的缺陷，一般只需承包单位的技术负责人同意，即可在现场进行剔凿、修补。例如对于结构裂缝，可根据建筑物的种类、裂缝所在部位和结构的受力情况采取相应的措施，对于钢筋混凝土建筑物，可采取表面封闭保护，或挖除回填，或灌浆处理等。

2. 结构补强。如经检测事故部位质量不合格，且又无法返工重做，则应进行补强处理。常用的补强方案有锚筋加固、附加支撑、增大断面等。

3. 返工重建。对于采取任何处理方法均不能使质量得到保证时，则应返工重建。

（四）工程质量事故处理的结论

质量事故处理是否达到预期的目的，是否留有隐患，需要通过检查验收来作出结论。事故处理质量检查验收，必须严格按施工验收规范中有关规定进行。必要时，还要通过实测、实量、荷载试验、取样试压、仪表检测等方法来取得可靠的数据。这样才能对事故作出确切的处理结论。结论一般有以下几种：

1. 事故已经排除，可以继续施工；

2. 隐患已经消除，结构安全可靠；

3. 经修补处理后，完全满足使用要求；

4. 基本满足使用要求，但附有限制条件；

5. 对耐久性影响的结论；

6. 对建筑外观影响的结论等。

对于一时难以作出结论的事故，可以提出进一步观察检查的要求。

事故处理后，还必须提交事故处理报告。报告的内容包括：事故检查报告，事故原因分析，事故处理的依据，事故处理方案，方法及技术措施，事故处理施工中各种原始记录资料，检查验收记录，事故处理结论等。

小　结

　　工程质量控制的目的是确保工程项目质量目标的实现。在设计阶段,监理工程师要进行质量跟踪检查,控制设计图纸的质量;在工程施工与设备采购与制造安装阶段,做好工程质量的事前控制、事中控制和事后控制;在进行质量控制时,应坚持预防为主,严格标准,制订细则,严格检查。对照设计要求和国家规范、标准的规定,按照国家(部门)规定的有关评定规则进行质量评定;按照承包合同规定的质量条款及承包内容进行质量验收,确定工程项目(单位工程)达到的质量等级。在处理工程质量事故中,尊重事实,以理服人,提出处理意见。

【案例分析】

　　在某工程施工过程中,施工方未经监理人员认可订购了一批电缆,数量较大。电缆进厂后,监理人员发现存在以下问题:
　　1. 电缆表面标识不清,外观不良。
　　2. 缺乏产品合格证、检测证明等资料。

问题:
　　监理人员应如何正确处理上述电缆的质量问题?

思　考　题

1. 工程质量的特点是什么?
2. 简述施工图阶段的质量监理主要内容。
3. 简述施工阶段工程质量的事中控制内容。
4. 设备安装的质量控制内容是什么?
5. 如何进行工程质量的验收?
6. 简述工程质量事故的特点和种类。
7. 简述产生工程质量事故的主要原因。
8. 简述工程质量事故的处理程序。

第七章 工程建设合同管理

工程建设合同管理是监理工程师对工程项目进行监理的主要手段之一。本章介绍了工程建设合同的基本概念、纠纷解决方式,并阐述了工程勘察设计合同管理、工程建设施工合同管理、工程建设监理合同管理等内容。最后,简要地介绍了工程索赔管理。

第一节 工程建设监理合同基本概念

一、合同的概念

合同,又称契约。我国民法通则第八十五条规定:合同是当事人之间设立、变更、终止民事关系的协议。当事人可以是双方的,也可以是多方的。民事关系指民事法律关系,由权利主体、权利客体和内容三部分组成。

权利主体,又称民事权利义务主体,指民事法律关系的参加者,也就是在民事法律关系中依法享受权利和承担义务的当事人。从合同角度看,也就是签订合同的双方或多方当事人,包括自然人、法人和其他组织。

权利客体,是指权利主体的权利和义务共同指向的对象,它包括物、行为和精神产品。物是指由民事主体支配、能满足人们需要的物质财富,它是民事法律关系中常见的客体。行为是指人的活动及活动的结果。精神产品也称智力成果。

内容,是指民事权利和义务。

一切合同,不论其主体是谁,客体是什么,内容如何,都具有两点共同的法律特征,即合同是一种民事法律行为和当事人的法律行为。

二、订立合同的基本原则

1. 合同当事人的法律地位平等,一方不得将自己的意志强加给另一方;
2. 合同当事人依法享有自愿订立合同的权利,任何单位和个人不得非法干预;
3. 合同当事人应当遵循平等原则,确定各方的权利和义务;
4. 合同当事人行使权利、履行义务应当遵循诚实信用原则;
5. 合同当事人订立、履行合同,应当遵循法律、行政法规,尊重社会公德,不得扰乱社会经济秩序，损害社会公共利益。

对于依法订立的合同，受法律保护，并对合同当事人具有法律约束力，当事人应当按照约定履行自己的义务，不得擅自变更或解除合同。

三、合同的主要内容

合同的内容，是指由合同当事人约定的合同条款。根据我国合同法第十二条规定，合同的内容由当事人约定，一般应包括以下主要条款：

1. 当事人的名称或者姓名和住所
2. 标的

标的是指合同当事人双方权利和义务共同指向的对象，可以是货物、劳务、智力成果等。依据合同种类的不同，合同的标的也各不相同，如建设工程合同的标的是工程项目，货物运输合同的标的是运输劳务，贷款合同的标的是货币等。标的是一切合同的首要条款，没有标的的合同是不存在的，标的不明确，就会给合同的履行带来严重的影响。

3. 数量

数量是把合同标的定量化。标的的数量一般是以度量衡作为计算单位，以数字作为衡量标的的尺度，可直接体现合同双方权利和义务的大小程度，从而计算价款或报酬。

4. 质量

质量是标的物内在特殊物质属性和一定的社会属性，是标的物性质差异的具体特征，如质量标准、功能技术要求、服务条件等。当事人签订合同时，必须对标的物的质量作出明确的规定：有国家标准的按国家标准签订；没有国家标准，而有行业标准的按行业标准签订，或者有地方标准的按地方标准签订；如果标的物是没有上述标准的新产品时，可按企业新产品鉴定的标准（如产品说明书、合格证明等），写明相应的质量标准。

5. 价款或者报酬

价款通常是指当事人一方为取得对方出让的标的物，而支付给对方一定数额的货币；报酬通常是指当事人一方为对方提供劳务、服务等，从而向对方收取一定数额的货币报酬。合同中应明确价款或者报酬的数额、支付时间以及支付方式。

6. 履行期限、地点和方式

履行期限是合同当事人完成合同所规定的各自义务的时间界限。合同当事人必须在规定的时间内履行自己的义务，否则应承担违约或延迟履行的责任。

履行地点是指合同当事人履行义务的地点。履行地点由当事人在合同中约定，没有约定的则依据法律规定或交易惯例确定。

履行方式是指合同当事人履行义务的方法，如转移财产、提供服务等。

7. 违约责任

违约责任是指合同当事人一方或双方，由于自身的过错而未履行合同义务依法和依约所应承担的责任。违约责任包括支付违约金，偿付赔偿金以及发生意外事故的处理等其他责任。规定违约责任，一方面可以促进当事人按时、按约履行义务，另一方面又可以对当事人的违约行为进行制裁，弥补守约一方因对方违约而遭受的损失。

8. 解决争议的方法

解决争议的方法是指合同当事人选择解决合同纠纷的方式、地点等。目前，我国解决争议的方式主要有四种：协商、调解、仲裁、诉讼。合同当事人在履行合同过程中发生纠纷，首先应通过协商解决，协商不成的，可以调解或仲裁、诉讼。仲裁与诉讼为平行的两种解决争议的最终方式，经济合同的当事人不能同时选择仲裁和诉讼作为争议解决的方式。

四、合同成立及合同生效

（一）合同成立

我国合同法规定：

1. 当事人采用合同书形式订立合同的，自双方当事人签字或盖章时合同成立；

2. 当事人采用信件、数据、电文等形式订立合同的，可以在合同成立之前要求签订确认书，签订确认书时合同成立；

3. 法律、行政法规规定或者当事人约定采用书面形式订立合同，当事人未采用书面形式但一方已经履行主要义务，对方接受的，该合同成立；

4. 采用合同书形式订立合同，在签字或者盖章前，当事人一方已经履行主要义务，对方接受的，该合同成立。

（二）合同生效

我国合同法第四十四条规定：依法成立的合同，自成立时生效。法律、行政法规规定应当办理批准、登记等手续生效的，依照其规定。

当事人订立的合同，凡不符合或者违反了法定条件，即使合同成立，均不产生合同的法律效力，而属于无效合同或者可撤销合同、效力待定的合同。

当事人双方在订立合同的过程中，应正确理解合同成立和合同生效的关系。合同成立是合同生效的前提条件；合同生效是合同成立的必然结果。因此，合同成立和合同生效是两个相对独立的概念。两者之间区别主要表现在以下四个方面：

1. 合同成立是解决合同是否存在的问题，而合同生效是解决合同效力的问题。

2. 合同的效力不同。合同成立以后，当事人不得对自己的要约与承诺任意撤回，而合同生效以后，当事人必须按照合同的约定履行，否则，应承担违约责任。

3. 合同不成立的后果仅仅表现为当事人之间产生的民事赔偿责任，一般为缔约过失责任。合同无效的后果除了承担民事责任之外，还可能要承担行政或刑事责任。

4. 合同不成立，仅涉及合同当事人之间的合同问题，当未形成合同时，不会引起国家行政干预。对于合同无效问题，如果属于合同内容违法时，即使当事人不作出合同无效的主张，国家行政也会作出干预。

五、合同变更及解除

（一）合同变更

合同变更是指合同依法成立后，在尚未履行或尚未完全履行时，当事人依法经过协商,对合同的内容进行修订或调整所达成的协议。

合同变更的法律规定及法定形式:

1. 当事人协调一致,可以变更合同。
2. 当事人变更有关合同时,必须按照法律、行政法规规定办理批准登记手续,否则合同的变更不发生效力。
3. 当事人对合同变更的内容约定不明确的,推定为未变更。
4. 当事人因重大误解,或显失公平而订立的合同,受损害方有权请求人民法院或者仲裁机构变更或者撤销合同。
5. 当事人之间变更合同的形式,可经双方协商确定,变更的合同应与原合同的形式一致。通常采用书面形式变更合同,有利于排除因合同变更而发生的争议。

(二)合同解除

合同解除是指合同当事人依法行使解除权或者双方协商决定,提前解除合同效力的行为。合同解除包括:约定解除和法定解除。

约定解除合同是指当事人协商一致,可以解除合同。当事人可以约定一方解除合同的条件。解除合同的条件成立时,解除权人可以解除合同。

法定解除合同是指解除条件由法律直接规定的合同解除。有下列情形之一的,当事人可以解除合同:

1. 因不可抗力致使不能实现合同目的;
2. 在履行期限届满之前,当事人一方明确表示或者以自己的行为表明不履行主要债务;
3. 当事人一方迟延履行主要债务,经催告后在合理期限内仍未履行;
4. 当事人一方迟延履行债务或者有其他违约行为致使不能实现合同目的;
5. 法律规定的其他情形。

六、违约责任处理

违约责任是指当事人一方不履行合同义务或者履行合同义务不符合约定的,应当承担继续履行、采取补救措施或者赔偿损失等违约责任。

我国合同法规定:当事人可以约定一方违约时应当根据违约情况向对方支付一定数额的违约金,也可以约定因违约产生的损失赔偿额的计算方法。

(一)违约金

违约金是指当事人在合同中或合同订立后约定因一方违约而应当向另一方支付一定数额的金钱。违约金可分为约定违约金和法定违约金。

约定的违约金低于造成的损失的,当事人可以请求人民法院或者仲裁机构予以增加,约定的违约金过分高于造成的损失的,当事人可以请求人民法院或者仲裁机构予以适当减少。

当事人就迟延履行约定违约金的,违约方支付违约金后,还应当履行债务。

违约金具有对违约者实行制裁和对权利人给予补偿的双重属性。

（二）赔偿金

赔偿金是指当事人在订立合同时，预先约定一方因违约给对方造成损失时，向对方支付一定数额的金钱或者约定损失赔偿的计算方法。

当事人一方在无约定的情况下的损失，损失赔偿额应相当于因对方违约所造成的损失。

当事人一方违约后，对方应采取适当措施防止损失的扩大，没有采取适当措施致使损失扩大的，不得就扩大的损失要求赔偿。当事人因防止损失扩大而支出的合理费用，由违约方承担损失赔偿额，但不得超过违反合同一方订立合同时预见到的或者应当预见到的因违反合同可能造成的损失。

（三）继续履行

法律规定，违约人支付违约金后并不当然免除继续其履行的义务，权利人要求继续履行时，而违约人有继续履行能力的，必须继续履行其义务。

第二节　工程建设勘察、设计合同管理

一、勘察、设计合同概念

工程建设勘察、设计合同，简称勘察、设计合同，是指建设单位或有关单位为完成一定的勘察、设计任务，明确双方权利、义务的协议。建设单位或有关单位是委托方，勘察、设计单位是承包方。根据勘察、设计合同，承包方完成委托方委托的勘察、设计项目，委托方接受符合约定要求的勘察、设计成果，并给付报酬。

勘察、设计合同具有三个方面的特征：

1. 勘察、设计合同的当事人双方应具有法人资格。作为发包方必须是具有国家批准的建设项目，落实投资计划的企事业单位、社会组织；作为承包方应当是具有国家批准的勘察、设计许可证，具有经有关部门核准的资质等级的勘察、设计单位。

2. 勘察、设计合同的订立必须符合工程项目建设程序。

3. 勘察、设计合同具有建设工程合同的基本特征。

二、勘察、设计合同的订立

工程建设勘察、设计任务通过招标或设计方案的竞投确定勘察、设计单位后，应遵循工程建设程序，签订勘察、设计合同。

签订勘察合同，由建设单位、设计单位或有关单位提出委托，经双方协商同意即可签订。签订设计合同，除双方协商同意外，还必须具有上级机关批准的设计任务书。小型单项工程必须具有上级机关批准的设计文件。如果单独委托施工图设计任务，应同时具备经有关部门批准的初步设计文件方能签订。勘察、设计合同必须采用书面形式，并参照国家

推荐使用的示范文本,并由双方法定代表人签字、法人盖章后才能生效。

三、勘察、设计合同的主要条款

(一) 发包人提交有关基础资料的期限

勘察或者设计的基础资料是指勘察、设计单位进行勘察、设计工作所依据的基础文件和情况。勘察基础资料包括项目的可行性研究报告,工程需要勘察的地点、内容,勘察技术要求及附图等。设计基础资料包括工程的选址报告、勘察资料以及原料(或者经过批准的资源报告)、燃料、水、电、运输等方面的协议文件,需要经过科研取得的技术资料等。

(二) 勘察、设计单位提交勘察、设计文件的期限

勘察、设计文件主要包括勘察报告、设计施工图及说明,材料设备清单和工程的概预算等。勘察、设计文件是工程建设的依据,建设工程必须按照勘察、设计文件进行施工,因此,勘察、设计文件的交付期限直接影响工程建设的期限,所以当事人在勘察或者设计合同中应当明确勘察、设计文件的交付期限。

(三) 勘察或者设计的质量要求

勘察、设计单位应当按照确定的质量要求进行勘察、设计,按时提交符合质量要求的勘察、设计文件。勘察、设计的质量要求条款明确了勘察、设计成果的质量,也是确定勘察、设计单位工作责任的重要依据。

(四) 勘察、设计费用

勘察、设计费用是发包人对勘察、设计单位完成勘察、设计工作的报酬。支付勘察、设计费是发包人在勘察、设计合同中的主要义务。双方应当明确勘察、设计费用的数额和计算方法,勘察、设计费用支付方式、地点、期限等内容。

(五) 双方的其他协作条件

其他协作条件,是指双方当事人为了保证勘察、设计工作顺利完成,应当履行的相互协作的义务。发包人的主要协作义务是在勘察、设计人员进入现场工作时,为勘察、设计人员提供必要的工作条件和生活条件,以保证其正常开展工作。勘察、设计单位的主要协作义务是配合工程建设的施工,进行设计交底,解决施工中的有关设计问题,负责设计变更和修改预算,参加试车考核和工程验收等。

(六) 违约责任

合同当事人双方应当根据国家的有关规定约定双方的违约责任。

四、勘察、设计合同的履行

(一) 双方的义务

1. 委托方的义务

委托方的义务是指由发包人负责提供资料的内容、技术要求、期限以及应承担的准备工作和服务项目。

(1) 向承包方提供开展勘察、设计工作所需的有关基础资料，并对提供的时间、进度与资料的可靠性负责。

委托勘察工作的，在勘察工作开始前，委托方应向承包方提交由设计单位提供，经建设单位同意的勘察范围的地形图和建筑平面布置图各一份，提出由建设单位委托，设计单位填写的勘察技术要求及附图。

委托初步设计的，在初步设计前，委托方应在规定的日期内向承包方提供经过批准的设计任务书，选址报告以及原料（或经过批准的资源报告）、燃料、水、电、运输等方面的协议文件和能满足初步设计要求的勘察资料及需经科研取得的技术资料。

委托施工图设计的，在施工图设计前，应提供经过批准的初步设计文件和能满足施工图设计要求的勘察资料、施工条件，以及有关设备的技术资料。

(2) 在勘察、设计人员进入现场作业或配合施工时，应负责必要的工作和生活条件。

(3) 委托方应负责勘察现场的水电供应、平整道路、现场清理等工作，以保证勘察工作的开展。

(4) 委托方应明确设计范围和深度，并负责及时向有关部门办理各设计阶段设计文件的审批工作。

(5) 委托配合引进项目的设计，从询价、对外谈判、国内外技术考察直到建成投产的各个阶段，都应通知承担有关设计的单位参加。

(6) 按照国家有关规定和合同的约定给付勘察、设计费用。

(7) 勘察、设计合同生效后，委托方应向承包方交付定金。勘察任务的定金为勘察费的30%，设计任务的定金为估算的设计费的20%。勘察、设计合同履行后，定金抵作勘察、设计费。委托方不履行合同的无权请求返还定金；承包人不履行合同的，应当双倍返还定金。

(8) 维护承包方的勘察成果和设计文件，不得擅自修改，不得转让给第二人重复使用。

(9) 合同中含有保密条款的，委托方应承担设计文件的保密责任。

2. 承包方的义务

(1) 勘察单位应按照现行的标准、规范、规程和技术条例，进行工程测量和工程地质、水文地质等勘察工作，并按合同规定的进度、质量要求提交勘察成果。对于勘察工作中的漏项应及时予以勘察，对于由此多支出的费用应自行负担并承担由此造成的违约责任。

(2) 设计单位要根据批准的设计任务书、可行性研究报告或上一阶段设计的批准文件，以及有关设计的技术经济文件、设计标准、技术规范、规程、定额等提出勘察技术要求，进行设计，并按合同规定的深度和质量要求，提交设计文件（包括概预算文件、材料设备清单）。

(3) 初步设计经上级主管部门审查后，在原定任务书范围内的必要修改，由设计单位负责。原定任务书有重大变更而重做或修改设计时，须具有设计审批机关或设计任务书批准机关的意见书，经双方协商，另订合同。

(4) 设计单位对所承担设计任务的工程项目，应配合施工，进行设计技术交底，解决施工过程中有关设计的问题；负责设计变更和修改预算，参加试车考核及工程竣工验收。对于大中型工业项目和复杂的民用工程应派现场设计代表，并参加隐蔽工程验收。

（二）设计的修改和终止

1. 设计文件批准后，不得任意修改和变更。如果必须修改，也需经过有关部门批准，其批准权限，视修改的内容所涉及的范围而定。

2. 委托方因故要求修改工程设计，经承包方同意后，除设计文件的提交时间另定外，委托方还应按承包方实际返工修改的工作量增付设计费。

3. 原定设计任务书或初步设计如有重大变更而需重做或修改设计时，须经设计任务书或初步设计批准机关同意，并经双方当事人协商后另订合同。委托方负责支付已经进行了的设计费用。

4. 委托方因故要求中途终止设计时，应及时通知承包方，已付的设计费不退，并按该阶段实际所耗工时，增付和结清设计费，同时结束合同关系。

（三）勘察、设计费的数量与拨付办法

1. 勘察费

勘察工作的取费标准按照勘察工作的内容确定。其具体标准和计算办法依据国家有关规定执行，也可在国家指导下，承包方、发包方在合同中加以约定，勘察费用一般按实际完成的工作量收取。

勘察合同生效后3天内，委托方应向承包方支付定金，定金金额为勘察费的30%；勘察工作外业结束后，委托方应向承包方支付勘察费的某一个百分比；全部勘察工作结束后，承包方按合同规定向委托方提供勘察报告书和图纸后10天内，委托方应按实际勘察工作量付清勘察费。对于特殊工程可适当提高勘察费用，加收的额度为总价的20% ~ 40%。

2. 设计费

设计工程的取费标准，一般应根据不同行业、不同建设规模和工程内容的繁简程度制定不同的收费定额，再根据这些定额来计算收取的费用。

设计合同生效后3天内，委托方应向承包方支付相当于设计费的20%作为定金，设计合同履行后，定金抵作设计费。设计费用其余部分的支付由双方共同商定。

勘察、设计费的支付方式，必须在合同中明确。合同中还须明确勘察、设计费的支付期限。

（四）违约责任

1. 委托方的违约责任

（1）委托方若不履行合同，定金不予返还。

（2）由于变更计划，提供的资料不准确，未按期提供勘察、设计工作必需的资料或工作条件，因而造成勘察、设计工作的返工、窝工、停工或修改设计时，委托方应按承包方实际消耗的工作量增付费用。因委托方责任造成重大返工或重做设计的，应另增加勘察、设计费。

（3）勘察、设计的成果按期、按质、按量交付后，委托方要依照法律、法规的规定和合同的约定，按期、按量支付勘察费、设计费。委托方未按合同规定或约定的日期支付费用时，应偿付逾期违约金。偿付办法与金额，由双方按照国家有关规定协商确定，并在合同中明确。

2. 承包方的违约责任

（1）承包方不履行合同，应当双倍返还定金。

（2）因勘察、设计质量低劣引起返工，或未按期提交勘察、设计文件，拖延工期造成损失的，由承包方继续完善勘察、设计，并视造成的损失、浪费的程度，减收或免收勘察设计费。

（3）对于因勘察、设计错误而造成的工程重大质量事故的，承包方除免收损失部分的勘察、设计费外，还应支付与直接损失部分勘察、设计费相当的赔偿金。

（五）勘察、设计合同的索赔

勘察、设计合同一旦签订，双方当事人要信守合同，当因一方当事人的责任使另一方当事人的权益受到损害时，遭受损失方可向责任方提出索赔要求，以补偿经济上遭受的损失。

1. 承包方向委托方提出索赔

（1）委托方不能按合同要求准时提交满足设计要求的资料，致使承包方设计人员无法正常开展设计工作，承包方可提出合同价款和合同工期索赔；

（2）委托方在设计中途提出变更要求，承包方可提出合同价款和合同工期索赔；

（3）委托方不按合同规定支付价款，承包方可提出合同违约金索赔；

（4）因其他原因属委托方责任造成承包方利益损害时，承包方可提出合同价款索赔。

2. 委托方向承包方提出索赔

（1）承包方不能按合同约定的时间完成设计任务，致使委托方因工程项目不能按期开工造成损失，可向承包方提出索赔；

（2）承包方的勘察、设计成果中出现偏差或漏项等，致使工程项目施工或使用时给委托方造成损失，委托方可向承包方索赔；

（3）承包方完成的勘察、设计任务深度不足，致使工程项目施工困难，委托方也可提出索赔；

（4）因承包方的其他原因造成委托方损失的，委托方可以提出索赔。

五、国家有关机关对勘察、设计合同的监督管理

建设工程勘察、设计合同的管理除了合同当事人之外，国家有关机构如工商行政管理部门、建设行政主管部门等依据职权划分，也可对勘察、设计合同行使监督权。签订勘察、设计合同的双方应将合同文本送交工程项目所在地的县级以上人民政府建设行政主管部门或者委托机构备案，也可到工商行政管理部门办理合同鉴证。

按照《建设工程质量管理条例》的规定，勘察、设计单位有下列行为之一的，建设行政主管部门有权责令其改正，并处10万元以上、30万元以下的罚款：

（1）勘察单位未按照工程建设强制性标准条文进行勘察的；

（2）设计单位未根据勘察成果文件进行工程设计的；

(3) 设计单位指定建筑材料、构配件的生产、供应商的；

(4) 设计单位未按照工程建设强制性标准条文进行设计的。

如果因上述行为造成工程质量事故的，建设行政主管部门有权责令承包人停业整顿、降低资质等级；情节严重的，吊销资质等级证书；造成损失的，承包人应依法承担赔偿责任；如果造成重大安全事故、构成犯罪的，还要追究直接责任人的刑事责任。

第三节 工程建设施工合同管理

一、施工合同的概念

工程建设施工合同又称为建筑安装工程承包合同，简称施工合同，它是发包方和承包方为完成双方商定的建筑安装工程任务，明确相互权利、义务关系的协议。这一协议所涉及的权利和义务，主要是承包方应完成发包方交给的建筑安装工程任务，发包方应按合同规定提供必要的施工条件并支付工程价款。

承发包双方签订施工合同，必须具备相应资质条件和履行施工合同的能力。对合同范围内的工程实施建设时，发包方必须具备组织协调能力，承包方必须具备有关部门核定的资质等级并持有营业执照等证明文件。施工合同一经签订即具有法律效力，它明确了承发包双方在施工中的权利和义务，有利于对工程施工的管理，有利于建筑市场的培育和发展，是进行监理的依据。

二、《建设工程施工合同（示范文本）》简介

根据有关工程建设施工的法律、法规，结合我国的实际情况，借鉴国际通用的《土木工程施工合同条件》，国家工商行政管理局、建设部1999年颁布了《建设工程施工合同（示范文本）》。

（一）《建设工程施工合同（示范文本）》的组成

《建设工程施工合同（示范文本）》由协议书、通用条款、专用条款三部分组成，并附有承包人承揽工程项目一览表、发包人供应材料设备一览表、工程质量保修书三个附件。它是各类公用建筑、民用住宅、工业厂房、交通设施及线路管道施工和设备安装的合同样本。

《建设工程施工合同（示范文本）》的三个组成部分及附件应当同时使用，它们共同组成了一个完整的建设工程施工合同。

协议书，是《建设工程施工合同（示范文本）》中的总纲性的文件。协议书的内容包括工程概况、工程承包范围、合同工期、质量标准、合同价款、组成合同的文件等。虽然其文字量并不大，但它规定了合同当事人双方最主要的权利义务，规定了组成合同的文件及合同当事人对履行合同义务的承诺，合同当事人在这份文件上签字盖章，因此具有很高

的法律效力。

通用条款是根据我国合同法、建筑法、《建设工程施工合同管理办法》等法律、法规对合同当事人的权利义务作出的规定，除双方协商一致对其中的某些条款作了修改、补充或取消外，双方都必须履行。它是将建设工程施工合同中共性的一些内容抽象出来编写的一份完整的合同文件。通用条款具有很强的通用性，基本适用于各类建设工程。通用条款共由11部分47条组成。这11部分内容是：

（1）词语定义及合同文件；

（2）双方一般权利和义务；

（3）施工组织设计和工期；

（4）质量与检验；

（5）安全施工；

（6）合同价款与支付；

（7）材料设备供应；

（8）工程变更；

（9）竣工验收与结算；

（10）违约、索赔和争议；

（11）其他。

考虑到建设工程施工活动的内容各不相同，工期、造价也随之变动，承发包人各自的能力、施工现场的环境和条件也各不相同，通用条款不能完全适用于各个具体工程的特点，因此，配以专用条款对其作必要的修改和补充，从而使通用条款和专用条款成为承发包双方统一意愿的体现。专用条款的条款号与通用条款相一致，但主要是空格，由当事人根据工程的具体情况予以明确或者对通用条款进行修改。

《建设工程施工合同（示范文本）》的附件则是对合同当事人双方的权利、义务的进一步明确，并且使得合同当事人的有关工作一目了然，便于执行和管理。合同范本中为使用者提供了《承包人承揽工程项目一览表》、《发包人供应材料设备一览表》和《房屋建筑工程质量保修书》三个标准化附件，由当事人根据工程项目情况选择使用。

《建设工程施工合同（示范文本）》具有较强的通用性，基本能适用于各类公用建筑、民用住宅、工业厂房、交通设施及线路管道的施工和设备安装。适用《建设工程施工合同（示范文本）》的工程项目必须采用承包方式，虽然承包的方式可以有所不同。采用招标发包（包括公开招标、邀请招标等）的工程和不采用招标发包的工程都可适用《建设工程施工合同（示范文本）》。

（二）建设工程施工合同文件

1. 合同文件的内容

《建设工程施工合同（示范文本）》规定，组成建设工程施工合同的文件包括：

（1）合同协议书

一般按照我国合同法的规定，承包单位提交了投标书（即要约）而建设单位又发出了中标通知书（即承诺），就可以构成具有法律效力的合同。然而在某些情况下，双方仍需要签订一份合同协议书，来规定合同当事人双方最主要的权利、义务，规定组成合同的文件及合同当事人对履行合同义务的承诺等。

(2) 中标通知书

中标通知书是指建设单位发给承包单位表示正式接受其投标书的函件。通常中标通知书应在其正文或附录中包括一份完整的合同文件清单，其中应包括已被接受的投标书，以及经双方协商一致对投标书所作修改的确认。

(3) 投标书及附件

投标书是投标者提交的最重要的单项文件，在投标书中投标者要确认已阅读了招标文件并理解了招标文件的要求，同时申明其为了承担和完成合同规定的全部义务所需的投标金额。

(4) 合同条款

合同条款指由建设单位拟定，经双方协商达成一致意见的条款，它规定了合同当事人双方的权利和义务。合同条款一般都包括通用条款和专用条款两部分。

(5) 规范

规范是指合同中包括的工程规范以及由监理工程师批准的对规范所作的修改或增补。通常规范应包括：对合同的工作范围和技术要求的规定，对承包单位提供的材料质量和工艺标准的规定，对计量方法的规定等。

(6) 图纸

图纸是指根据合同规定需要向承包单位提供的所有图纸、设计书和技术资料等。图纸要求应足够详细，以便投标者在参照了规范和工程量清单后，能确定合同所包括的工作性质和范围。

(7) 工程量清单

工程量清单是指已标价的完整的工程量表，它列有按照合同规定应实施的工作的说明、估算的工程量以及由投标者填写的单价和总价。

(8) 其他

其他指明确列入中标通知书或合同协议书中的其他文件。如合同履行过程中，承发包双方有关工程洽商、变更等书面协议或文件也视为合同文件的组成部分。

2. 合同文件的优先次序

构成合同的各种文件，应该是一个整体，应能够相互解释、相互说明，但是，由于合同文件内容众多、篇幅庞大，很难避免彼此之间出现解释不清或有异议的情况。因此，合同条款中应规定合同文件的优先次序，即当不同文件出现解释模糊或矛盾时，应以哪个文件为准。

一般来说，组成合同的各种文件及优先解释顺序如下：

(1) 合同协议书

(2) 中标通知书

(3) 投标书及其附件

(4) 合同专用条款

(5) 合同通用条款

(6) 标准、规范及有关技术文件

（7）图纸

（8）工程量清单

（9）工程报价单或预算书

另外，建设单位也可以选定不同的合同文件优先次序，但是必须在合同专用条款中作出说明。

三、工程建设施工合同的订立

（一）订立工程建设施工合同应具备的条件

（1）初步设计已经批准；

（2）工程项目已经列入年度建设计划；

（3）有能够满足施工需要的设计文件和有关技术资料；

（4）建设资金和主要建筑材料、设备来源已经落实；

（5）招投标工程的中标通知书已经下达。

（二）订立工程建设施工合同的程序

工程建设施工合同作为合同的一种，其订立也应经过要约和承诺两个阶段。其订立方式有直接发包和招标发包两种。如果没有特殊情况，建设工程的施工活动都应通过招标投标确定施工单位。

中标通知书发出后，中标的施工单位应当与建设单位及时签订合同。依据《中华人民共和国招标投标法》和《工程建设施工招标投标管理办法》的规定，中标通知书发出30天内，中标单位应与建设单位依据招标文件、投标书等签订建设工程施工合同。投标书中已确定的条款在签订合同时不得更改，合同价应与中标价格一致。如果中标的施工单位拒绝与建设单位签订合同，则建设单位将不再返还其投标保证金，建设行政主管部门或其授权机构还可给予一定的行政处罚。

（三）合同的计价方式

建设工程施工合同《通用条款》中规定了三种确定合同价款的方式，双方可在专用条款内约定采用其中一种：

1. 固定价格合同

双方在专用条款内约定合同价款包含的风险范围和风险费用的计算方法，在约定的风险范围内合同价款不再调整，合同风险由承包人承担。风险范围以外的合同价款调整方法，应当在专用条款内约定。

2. 可调价格合同

通常适用于工期较长的施工合同，合同价款可根据双方的约定而调整，双方在专用条款内约定合同价款调整方法。发包人和承包人在招投标阶段和签订合同时不可能合理预见到较长时期的物价变动和后续法规变化对合同价款的影响，为合理分担合同风险，可采用可调价格合同。该合同的计价方式与固定价格合同基本相同，只是增加规定了可调价的因素。

3. 成本加酬金合同

成本加酬金合同是由发包人承担项目的全部实际成本，并按约定方式向承包人支付酬金的合同。合同价款包括成本和酬金两部分，双方在专用条款内约定成本构成和酬金的计算方法。在合同履行中，发包人承担了实际发生的全部费用，亦即承担了项目的全部风险；而承包人由于无合同风险，其报酬往往相对较低。这类合同的缺点是：发包人对工程总造价不易控制，承包人也往往不注意降低项目成本。因此，成本加酬金合同主要适用于以下项目：需要立即开展工作（如震后救灾）的工程项目；新型的工程项目，或对项目内容及技术经济指标未确定的工程；风险很大的工程项目。

具体工程承包的计价方式不一定是单一的方式，也可以采用组合计价方式。如工期较长的施工合同，主体工程部分采用可调价格方式结算；而某些简单的施工部位可采用固定总价方式结算；涉及使用新工艺施工部位可采用成本加酬金方式结算。

四、工程建设施工合同管理

（一）施工合同双方的权利和义务

1. 工程师的一般责任

工程师是指本工程监理单位委派的总监理工程师或发包人指定的履行合同的代表，其具体身份和职权由发包人和承包人在专用条款中约定。

（1）实行工程监理的，发包人应在实施监理前将委托的监理单位名称、监理内容及监理权限以书面形式通知承包人。

监理单位委派的总监理工程师在合同中称为工程师，其姓名、职务、职权由发包人和承包人在专用条款中写明。工程师按合同约定行使职权，发包人在专用条款内要求工程师在行使某些职权前需要征得发包人的批准。

（2）发包人派驻现场履行合同的代表在本合同中也称为工程师，其姓名、职务、职权由发包人和承包人在专用条款中写明，但职权不得与监理单位委派的总监理工程师职权相交叉。双方职权发生交叉或不明确时，由发包人予以明确，并以书面形式通知承包人。

（3）合同履行中，发生影响发包人、承包人双方权利和义务的事件时，负责监理的工程师应根据合同在其职权范围内客观公正地进行处理。一方对工程师的处理有异议时，按通用条款有关争议的约定处理。

除合同内有明确约定或经发包人同意外，负责监理的工程师无权解除合同约定的承包人的任何权利和义务。

（4）工程师可委派工程师代表，行使合同约定的自己的职权，并可在任何时候撤回这种委派。委派和撤回均应提前7天以书面形式通知承包人，负责监理的工程师还应将委派和撤回通知发包人。

（5）工程师的指令、通知由其本人签字后，以书面形式交给项目经理，项目经理在回执上签署姓名和收到时间后生效。确有必要时，工程师可发出口头指令，并在48小时内给予书面确认，承包人对工程师的指令应予以执行。工程师不能及时给予书面确认的，承包人应于工程师发出口头指令后7天内提出书面确认要求。工程师在承包人提出确认要求后48小时内不予答复，应视为口头指令已被确认。承包人认为工程师指令不合理，应在收到指令后 24 小时内向工程师提出修改指令的书面报告，工程师在收到承包人报告后 24 小时内作出修改指令或继续执行原指令的决定，以书面形式通知承包人。紧急情况下，工程师要求承包人立即执行的指令或承包人虽有异议，但工程师决定仍继续执行的指令，承包人应予以执行。因指令错误发生的追加合同价款和给承包人造成的损失由发包人承担，延误的工期相应顺延。

（6）工程师应按合同约定，及时向承包人提供所需指令、批准并履行其他约定的义务。由于工程师未能按合同约定履行义务造成工期延误，发包人应承担延误造成的追加合同价款，并赔偿承包人有关损失，顺延工期。

如需更换工程师，发包人应至少提前 7 天以书面形式通知承包人，后任继续行使合同文件约定的前任的职权，履行前任的义务。

2. 发包人的工作

发包人应按专用条款约定的内容和时间完成以下工作：

（1）办理土地征用，青苗树木赔偿，房屋拆迁，清除地面、架空和地下障碍等工作，使施工场地具备施工条件，并在开工后继续负责解决以上事项遗留问题。

（2）将施工所需水、电、电信路线从施工场地外部接至专用条款约定地点，并保证施工期间的需要。

（3）开通施工场地与城乡公共道路，以及专用条款约定的施工场地内主要道路，满足施工运输的需要，保证施工期间的畅通。

（4）向承包人提供施工场地的工程地质和地下管线资料，对资料的真实准确性负责。

（5）办理施工许可证及其他施工所需证件、批件和临时用地、停水、停电、中断道路交通、爆破作业等的申报批准手续（证明承包人自身资质的证明文件除外）。

（6）确定水准点与坐标控制点，以书面形式交给承包人，进行现场交验。

（7）组织承包人和设计单位进行图纸会审和设计交底。

（8）协调处理施工现场周围地下管线和邻近建筑物、构筑物（包括文物保护建筑）、古树名木的保护工作，承担有关费用。

（9）发包人应做的其他工作，双方在专用条款内约定。

发包人不按合同约定完成以上工作，造成延误，给承包人造成损失的，发包人赔偿承包人有关损失，工期相应顺延。

3. 项目经理的一般责任

项目经理应按以下要求行使合同约定的权利，履行合同约定的职责：

（1）项目经理的姓名、职务在专用条款内写明。

（2）承包人依据合同发出的通知，以书面形式由项目经理签字后送交工程师，工程师在回执上签署姓名和收到时间后生效。

（3）项目经理按发包人认可的施工组织设计（或施工方案）和工程师依据合同发出的指令组织施工。在情况紧急且无法与工程师联系时，项目经理应当采取保证工程和人员生命、财产安全的紧急措施，并在采取措施后 48 小时内向工程师送交报告。责任在发包人或第三人，由发包人承担由此发生的追加合同价款，相应顺延工期；责任在承包方，由承包人承担费用，不顺延工期。

承包人如需要更换项目经理,应至少提前7天以书面形式通知发包人,并征得发包人同意。后任继续行使合同文件约定的前任的职权,履行前任的义务。

4. 承包人的工作

承包人应按专用条款约定的内容和时间完成以下的工作:

(1) 根据发包人委托,在其设计资质等级和业务允许的范围内完成施工图设计或与工程配套的设计,经工程师确认后使用,发包人承担由此发生的费用。

(2) 向工程师提供年、季、月工程进度计划及相应的进度统计报表。

(3) 按工程需要,提供和维修供夜间施工使用的照明、围栏设施,并负责安全保卫。

(4) 按专用条款约定的数量和要求,向发包人提供在施工现场办公和生活的房屋及设施,发生的费用由发包人承担。

(5) 遵守政府有关部门对施工场地交通、施工噪声以及环境保护和安全生产等的管理规定,按规定办理有关手续,并以书面形式通知发包人,发包人承担由此发生的费用,因承包人责任造成的罚款除外。

(6) 已竣工工程未交付发包人之前,承包人按专用条款约定负责已完工程的成品保护工作,保护期间如发生损坏,承包人自费予以修复。发包人要求承包人采取特殊措施保护的工程部位和相应的追加合同价款,双方在专用条款内约定。

(7) 按专用条款约定做好施工场地地下管线和邻近建筑物、构筑物(包括文物保护建筑)、古树名木的保护工作。

(8) 保证施工场地清洁符合环境卫生管理的有关规定。交工前清理现场达到专用条款的要求,承担因自身原因违反有关规定造成的损失和罚款。

(9) 承包人应做的其他工作,双方在专用条款内约定。

承包人未能履行上述各项义务,造成发包人损失的,应赔偿发包人的有关损失。

(二) 施工合同的进度、质量和费用管理

1. 施工进度管理

(1) 进度计划的提交、批准及监督执行

《建设工程施工合同(示范文本)》第10条规定:承包人应按照专用条款约定的日期,将施工组织设计和工程进度计划提交工程师。群体工程中采取分阶段进行施工的单位工程,承包人则应按照发包人提供的图纸及有关资料的时间,按单位工程编制进度计划,分别向工程师提交。

工程师接到承包人提交的进度计划后,应当按专用条款约定的时间予以确认或者提出修改意见。如果工程师逾期不确认也不提出书面意见的,则视为已经同意。但是,工程师对施工组织设计和工程进度计划予以确认或者提出修改意见,并不免除承包人对施工组织设计和工程进度计划本身的缺陷所应承担的责任。

承包人必须按工程师确认的进度计划组织施工,接受工程师对进度的检查、监督。工程实际进度与经确认的进度计划不符时,承包人应按工程师的要求提出改进措施,经工程师确认后执行。因承包人的原因导致实际进度与进度计划不符,承包人无权就改进措施提出追加合同价款。

(2) 开工及延期开工

《建设工程施工合同（示范文本）》第 11 条规定：承包人应当按协议书约定的开工日期开始施工。承包人不能按时开工，应在不迟于协议书约定的开工日期前 7 天以书面形式向工程师提出延期开工的理由和要求。工程师应当在接到延期开工申请后的 48 小时内以书面形式答复承包人。工程师在接到延期开工申请后的 48 小时内不答复，视为同意承包人的要求，工期相应顺延。工程师不同意延期要求或承包人未在规定时间内提出延期开工要求，工期不予顺延。

因发包人的原因不能按照协议书约定的开工日期开工，工程师以书面形式通知承包人后，可推迟开工日期。承包人对延期开工的通知没有否决权，但发包人应当赔偿承包人因此造成的损失，并相应顺延工期。

(3) 暂停施工

《建设工程施工合同（示范文本）》第 12 条规定：工程师认为确有必要暂停施工时，应当以书面形式要求承包人暂停施工，并在提出要求后 48 小时内提出书面处理意见。承包人应当按工程师要求停止施工，并妥善保护已完工程。承包人实施工程师作出的处理意见后，可以书面形式提出复工要求，工程师应当在 48 小时内给予答复，工程师未能在规定时间内提出处理意见，或收到承包人复工要求后 48 小时内未予答复，承包人可自行复工。因发包人原因造成停工的，由发包人承担所发生的追加合同价款，赔偿承包人由此造成的损失，相应顺延工期；因承包人原因造成停工的，由承包人承担发生的费用，工程不予顺延。

监理工程师在下列情况下可以指示承包人暂停施工：

①外部环境条件的变化。如法规政策的变化导致工程停、缓建；地方法规要求不允许在某一时段内施工等。

②发包人的原因。如发包人未能及时提供图纸，发包人未能按时完成后续施工的现场或通道的移交工作，施工中遇到了有考古价值的文物或遗迹需要进行现场保护等。

③协调管理的原因。如在现场的几个独立承包人之间出现施工交叉干扰，工程师需要进行必要的协调。

④承包人的原因。如发现施工质量不合格，施工作业方法可能危及现场或毗邻地区建筑物或人身安全等。

(4) 工期延误

《建设工程施工合同（示范文本）》第 13 条规定：承包人应当按照合同约定完成工程施工任务，如果由于其自身的原因造成工期延误，应当承担违约责任。但是，在有些情况下工期延误后，竣工日期可以相应顺延。因以下原因造成工期延误，经工程师确认，工期相应顺延：

①发包人未能按专用条款的约定提供图纸及开工条件；
②发包人未能按约定日期支付工程预付款、进度款，致使工程不能正常进行；
③监理工程师未按合同约定提供所需指令、批准等，致使施工不能正常进行；
④设计变更和工程量增加；
⑤一周内非承包人原因停水、停电、停气造成停工累计超过 8 小时；
⑥不可抗力；

⑦专用条款中约定或工程师同意工期顺延的其他情况。

这些情况下，工期可以顺延的根本原因在于，这些情况属于发包人违约或者是应当由发包人承担的风险。反之，如果造成工期延误的原因是承包人的违约或者应当由承包人承担的风险，则工期不能顺延。

工期顺延的确认程序是：承包人在工期可以顺延的情况发生后 14 天内，就延误的工期向工程师提出书面报告，工程师在收到报告后 14 天内予以确认，逾期不予确认也不提出修改意见，视为同意顺延工期。

（5）工程竣工

《建设工程施工合同（示范文本）》第 14 条规定：承包人必须按照协议书约定的竣工日期或工程师同意顺延的工期竣工。因承包人原因不能按照协议书约定的竣工日期或工程师同意顺延的工期竣工的，承包人承担违约责任。

施工中发包人如需提前竣工，双方协商一致后应签订提前竣工协议，作为合同文件组成部分。提前竣工协议应包括承包人为保证工程质量和安全采取的措施、发包人为提前竣工提供的条件以及提前竣工所需的追加合同价款等内容。

2. 施工质量管理

（1）工程质量

《建设工程施工合同（示范文本）》第 15 条规定：工程质量应当达到协议书约定的质量标准，质量标准的评定以国家或者行业的质量检验评定标准为依据。因承包人原因工程质量达不到约定的质量标准，承包人承担违约责任。

双方对工程质量有争议，由双方同意的工程质量检测机构鉴定，所需费用及因此造成的损失，由责任方承担。双方均有责任，由双方根据其责任分别承担。

（2）检查和返工

《建设工程施工合同（示范文本）》第 16 条规定：在工程施工中，工程师及其委派人员对工程的检查、检验，是他们一项日常性工作和重要职能。承包人应认真按照标准、规范和设计要求以及工程师依据合同发出的指令施工，随时接受工程师及其委派人员的检查、检验，并为检查检验提供便利条件。

对于达不到约定质量标准的工程部分，工程师一经发现，应要求承包人拆除和重新施工，承包人应当按照工程师的要求拆除和重新施工，直到符合约定的质量标准。因承包人原因工程质量达不到约定的质量标准，由承包人承担拆除和重新施工的费用，工期不予顺延。因双方原因达不到约定质量标准，责任由双方分别承担。

工程师的检查、检验不应影响施工正常进行。如影响施工正常进行，检查、检验不合格时，影响正常施工的费用由承包人承担。除此之外，影响正常施工的追加合同价款由发包人承担，相应顺延工期。

因工程师指令失误或其他非承包人的原因所发生的追加合同价款，由发包人承担。

（3）隐蔽工程和中间验收

《建设工程施工合同（示范文本）》第 17 条规定：由于隐蔽工程在施工中一旦完成隐蔽，很难再对其进行质量检查，因此，必须在隐蔽前进行检查验收。对于中间验收，合同双方应在专用条款中约定需要进行中间验收的单项工程和部位的名称、验收的时间和要求，以及发包人应提供的便利条件。

工程具备隐蔽条件或达到专用条款约定的中间验收部位，承包人进行自检，并在隐蔽或中间验收前48小时以书面形式通知工程师验收。通知包括隐蔽或中间验收的内容、验收时间和地点。承包人准备验收记录，验收合格，工程师在验收记录上签字后，承包人可进行隐蔽或继续施工；验收不合格，承包人在工程师限定的时间内修改后重新验收。

工程师不能按时进行验收，应在开始验收前24小时向承包人提出书面延期要求，延期不能超过48小时。工程师未能按以上时间提出延期要求，不进行验收，承包人可自行组织验收，发包人应承认验收记录。

经工程师验收，工程质量符合标准、规范和设计图纸等的要求，验收24小时后，工程承包人可进行隐藏或者继续施工。

(4) 重新检验

《建设工程施工合同（示范文本）》第18条规定：无论工程师是否进行验收，当其提出对已经隐蔽的工程重新检验的要求时，承包人应按要求进行剥露或者开孔，并在检验后重新覆盖或者修复。检验合格，发包人承担由此发生的全部追加合同价款，赔偿承包人损失，并相应顺延工期；检验不合格，承包人承担发生的全部费用，工期不予顺延。

(5) 工程试车

《建设工程施工合同（示范文本）》第19条规定：对于设备安装工程，应当组织工程试车。工程试车内容应与承包人承包的安装工程范围相一致。

①单机无负荷试车

设备安装工程具备单机无负荷试车条件，由承包人组织试车，并在试车前48小时书面通知工程师。通知包括试车内容、时间、地点。承包人准备试车记录，发包人根据承包人要求为试车提供必要条件。试车通过，工程师在试车记录上签字。

②联动无负荷试车

只有单机试运转达到规定要求，才能进行联动无负荷试车。设备安装工程具备无负荷联动试车条件，由发包人组织试车，并在试车前48小时书面通知承包人。通知内容包括试车内容、时间、地点和对承包人的要求，承包人按要求做好准备工作和试车记录。试车通过，双方在试车记录上签字。

工程师不能按时参加试车，应在试车前24小时以书面形式向承包人提出延期要求，延期不能超过48小时。工程师未能按以上时间提出延期要求，不参加试车，应承认试车记录。

由于设计原因试车达不到验收要求，发包人应要求设计单位修改设计，承包人按修改后的设计重新安装。发包人承担修改设计费用、拆除及重新安装的全部费用和追加合同价款，工期相应顺延。

由于设备制造原因试车达不到验收要求，由该设备采购一方负责重新购置或修理，承包人负责拆除和重新安装。设备由承包人采购的，由承包人承担修理或重新购置、拆除及重新安装的费用，工期不予顺延；设备由发包人采购的，发包人承担上述各项追加合同价款，工期相应顺延。

由于承包人施工原因试车达不到验收要求，承包人按工程师要求重新安装和试车，并承担重新安装和试车的费用，工期不予顺延。

试车费用除已包括在合同价款之内或专用条款另有约定的，均由发包人承担。

工程师在试车合格后不在试车记录上签字，试车结束24小时后，视为工程师已经认可试车记录，承包人可继续施工或办理竣工手续。

投料试车应在工程竣工验收后由发包人负责，如发包人要求在工程竣工验收前进行或需要承包人配合时，应征得承包人同意，另行签订补充协议。

（6）工程保修

《建设工程施工合同（示范文本）》第34条规定：承包人应按法律、行政法规或国家关于工程质量保修的有关规定，对交付发包人使用的工程在质量保修期内承担质量保修责任。

质量保修工作的实施：承包人应在工程竣工验收之前，与发包人签订质量保修书。其主要内容包括质量保修项目内容及范围；质量保修期；质量保修责任；质量保修金的支付方法。

3. 合同价款与支付管理

（1）合同价款及调整

合同价款，是指发包人与承包人在协议书中约定，发包人用以支付承包人按照合同的约定，完成承包范围内全部工程并承担质量保修责任的款项。《建设工程施工合同（示范文本）》第23条规定：招标工程的合同价款由发包人、承包人依据中标通知书中的中标价格在协议书内约定。非招标工程的合同价款由发包人、承包人依据工程预算书在协议书内约定。

合同价款在协议书内约定后，任何一方不得擅自改变。双方可在专用条款中约定采用"固定价格合同"、"可调价格合同"、"成本加酬金合同"三种确定合同价款方式的一种。

可调价格合同中合同价款的调整因素包括：

①法律、行政法规和国家有关政策变化影响合同价款；

②工程造价管理部门公布的价格调整；

③一周内非承包人原因停水、停电、停气造成停工累计超过8小时；

④双方约定的其他因素。

承包人应在上述情况发生后14天内，将调整的原因、金额以书面形式通知工程师，工程师确认调整金额后作为追加合同价款，与工程款同期支付。工程师收到承包人通知之后14天内不作答复也不提出修改意见，视为该项调整已经同意。

（2）工程预付款

工程预付款主要是用于采购建筑材料。预付额度，建筑工程一般不得超过当年建筑（包括水、电、暖、卫等）工程工作量的30%，安装工程一般不得超过当年安装工程量的10%。

《建设工程施工合同（示范文本）》第24条规定：实行工程预付款的，双方应当在专用条款内约定发包人向承包人预付工程款的时间和数额，开工后按约定的时间和比例逐次扣回。预付时间应不迟于约定的开工日期前7天。发包人不按约定预付，承包人在约定预付时间7天后向发包人发出要求预付的通知，发包人收到通知后仍不能按要求预付，承包人可在发出通知后 7 天内停止施工,发包人应从约定应付之日起向承包人支付应付款的贷款利息,并承担违约责任。

(3) 工程量的确认

对承包人已完成工程量的核实确认,是发包人支付工程款的前提。《建设工程施工合同(示范文本)》第 25 条规定:承包人应按专用条款约定的时间向工程师提交已完工程量的报告。工程师接到报告后 7 天内按设计图纸核实已完工程量(以下称计量),并在计量前 24 小时通知承包人,承包人为计量提供便利条件并派人参加。承包人收到通知后不参加计量,计量结果有效,可作为工程价款支付的依据。

工程师接到承包人报告后 7 天内未进行计量,从第 8 天起,承包人报告中开列的工程量即视为被确认,可作为工程价款支付的依据。工程师不按约定时间通知承包人,使承包人不能参加计量,计量结果无效。

对承包人超出设计图纸范围和因承包人原因造成返工的工程量,工程师不予计量。

(4) 工程款(进度款)支付

《建设工程施工合同(示范文本)》第 26 条规定:发包人应在计量结果确认后 14 天内,向承包人支付工程款(进度款)。按约定时间发包人应按比例扣回的预付款,与工程款(进度款)同期结算。合同价款调整、工程变更调整的合同价款及追加的合同价款,应与工程款(进度款)同期调整支付。

发包人超过约定的支付时间不支付工程款(进度款),承包人可向发包人发出要求付款的通知,发包人收到承包人通知后仍不能按要求付款,可与承包人协商签订延期付款协议,经承包人同意后可延期支付。协议应明确延期支付的时间和从计量结果确认后第 15 天起计算应付款的贷款利息。

发包人不按合同约定支付工程款(进度款),双方又未达成延期付款协议,导致施工无法进行,承包人可停止施工,由发包人承担违约责任。

(5) 竣工验收与结算

①竣工验收

工程具备竣工验收条件,承包人按国家工程竣工验收有关规定,向发包人提供完整竣工资料及竣工验收报告。双方约定由承包人提供竣工图的,应当在专用条款内约定提供的日期和份数。

发包人收到竣工验收报告后 28 天内组织有关单位验收,并在验收后 14 天内给予认可或提出修改意见。承包人按要求修改,并承担由自身原因造成修改的费用。

因特殊原因,发包人要求部分单位工程或者工程部位甩项竣工的,双方另行签订甩项竣工协议,明确各方责任和工程价款的支付办法。

工程未经竣工验收或验收不合格,发包人不得使用。发包人强行使用的,由此发生的质量问题及其他问题,由发包人承担责任。

②竣工结算

《建设工程施工合同(示范文本)》第 33 条规定:工程竣工验收报告经发包人认可后 28 天内,承包人向发包人递交竣工结算报告及完整的结算资料。工程竣工验收报告经发包人认可后 28 天内,承包人未能向发包人递交竣工结算报告及完整的结算资料,造成工程竣工结算不能正常进行或工程竣工结算价款不能及时支付，发包人要求交付工程的，承包人应当交付；发包人不要求交付工程的，承包人承担保管责任。

发包人自收到竣工结算报告及结算资料后 28 天内进行核实，确认后支付工程竣工结算价款，承包人收到竣工结算价款后 14 天内将竣工工程交付发包人。

发包人收到竣工结算报告及结算资料后 28 天内无正当理由不支付工程竣工结算价款，从第 29 天起按承包人同期向银行贷款利率支付拖欠工程价款的利息，并承担违约责任。

发包人收到竣工结算报告及结算资料后 28 天内不支付工程竣工结算价款，承包人可以催告发包人支付结算价款。发包人在收到竣工结算报告及结算资料后 56 天内仍不支付的，承包人可以与发包人协议将该工程折价，也可以由承包人申请人民法院将该工程依法拍卖，承包人就该工程折价或者拍卖的价款优先受偿。

（三）材料设备供应管理

工程建设的材料设备供应的质量控制，是整个工程质量控制的基础。建筑材料、构配件生产及设备供应单位对其生产或者供应的产品质量负责。材料设备的需方则应根据买卖合同规定进行质量验收。

1. 发包人供应材料设备

实行发包人供应材料设备的，双方应当约定发包人供应材料设备的一览表，作为合同附件（附件 2）。此一览表包括发包人供应材料设备的品种、规格、型号、数量、单价、质量等级、提供时间和地点。

发包人按一览表约定的内容提供材料设备，并向承包人提供其供应材料设备的产品合格证明，对其质量负责。发包人应在其所供应的材料设备到货前 24 小时，以书面形式通知承包人，由承包人派人与发包人共同清点。发包人供应的材料设备经承包人派人参加清点后由承包人妥善保管，发包人支付相应的保管费用。发生损坏丢失，由承包人负责赔偿。发包人不按规定通知承包人清点，发生的损坏丢失由发包人负责。

发包人供应的材料设备使用前，由承包人负责检验或者试验，费用由发包人负责。不合格的不得使用。

发包人供应的材料设备与一览表不符时，应当由发包人承担有关责任，发包人应承担责任的具体内容，双方根据下列情况在专用条款内约定：

（1）材料设备单价与一览表不符时，由发包人承担所有价差；

（2）材料设备种类、规格、型号、数量、质量等级与一览表不符时，承包人可以拒绝接受保管，由发包人运出施工场地并重新采购；

（3）发包人供应材料的规格、型号与一览表不符时，承包人可以代为调剂串换，发包人承担相应的费用；

（4）到货地点与一览表不符时，发包人负责运至一览表指定的地点；

（5）供应数量少于一览表约定的数量时，发包人将数量补齐，多于一览表约定的数量时，发包人负责将多出部分运出施工场地；

（6）到货时间早于一览表约定的供应时间，发包人承担因此发生的保管费用；到货时间迟于一览表约定的供应时间，发包人赔偿由此给承包人造成的损失，造成工期延误的，相应顺延工期。

2. 承包人采购材料设备

承包人根据专用条款的约定及设计和有关标准要求采购工程需要的材料设备,并提供产品合格证明,对材料设备质量负责。承包人在材料设备到货前 24 小时通知工程师清点。

承包人采购的材料设备与设计或者标准要求不符时,工程师可以拒绝验收,由承包人按照工程师要求的时间运出施工场地,重新采购符合要求的产品,并承担由此发生的费用,由此延误的工期不予顺延。

承包人采购的材料设备在使用前,承包人应按工程师的要求进行检验或试验,不合格的不得使用,检验或试验费用由承包人承担。

工程师发现承包人采购并使用不符合设计或标准要求的材料设备时,应要求由承包人负责修复、拆除或者重新采购,并承担因此发生的费用,由此造成工期延误不予顺延。

(四) 工程设计变更管理

在施工过程中如果发生设计变更,将对施工进度产生很大的影响。因此,应尽量减少设计变更,如果必须对设计进行变更,必须严格按照国家的规定和合同约定的程序进行。

1. 发包人对原设计进行变更

施工中发包人如果需要对原工程设计进行变更,应提前 14 天以书面形式向承包人发出变更通知。变更超过原设计标准或者批准的建设规模时,须经原规划管理部门和其他有关部门重新审查批准,并由原设计单位提供变更的相应图纸和说明。发包人办妥上述事项后,承包人根据工程师发出的变更通知及有关要求进行变更。通常变更内容有以下几个方面:

(1) 更改有关部分的标高、基线、位置和尺寸;
(2) 增减合同中约定的工程量;
(3) 改变有关工程的施工时间和顺序;
(4) 其他有关工程变更需要的附加工作。

因变更导致合同价款的增减及造成的承包人损失,由发包人承担,延误的工期相应顺延。

2. 承包人对原设计进行变更

承包人应当严格按照图纸施工,不得随意变更设计。因承包人擅自变更设计发生的费用和由此导致发包人的直接损失,由承包人承担,延误的工期不予顺延。

在施工中承包人提出的合理化建议涉及对设计图纸的变更及对原材料、设备的换用,须经工程师同意。工程师同意变更后,也须经原规划管理部门和其他有关部门审查批准,并由原设计单位提供变更的相应图纸和说明,承包人实施变更。

工程师同意采用承包人合理化建议,所发生的费用和获得的收益,由承发包双方另行约定分担或者分享。

3. 变更价款的确定

(1) 变更价款的确定程序

设计变更发生后,承包人在工程设计变更确定后 14 天内,提出变更工程价款的报告,经工程师确认后调整合同价款。承包人在确定变更后 14 天内不向工程师提出变更价款报告时,视为该项设计变更不涉及合同价款的变更。工程师应在收到变更工程价款报告之日起14天内予以确认,工程师无正当理由不确认时,自变更价款报告送达之日起14天后变更工程价款报告自行生效。

(2) 变更价款的确定方法

变更合同价款按下列方法进行:

①合同中已有适用于变更工程的价格,按合同已有的价格变更合同价款;

②合同中只有类似于变更工程的价格,可以参照类似价格变更合同价款;

③合同中没有适用或类似于变更工程的价格,由承包人提出适当的变更价格,经工程师确认后执行。

(五) 不可抗力、保险和担保的管理

1. 不可抗力

不可抗力,是指合同当事人不能预见、不能避免并且不能克服的客观情况。建设工程施工中的不可抗力包括因战争、动乱、空中飞行物坠落或其他非发包人和承包人责任造成的爆炸、火灾以及专用条款约定的风、雨、雪、洪水、地震等自然灾害。对于自然灾害形成的不可抗力,当事人双方订立合同时可在专用条款内约定,如多少级以上的地震、多少天以上或持续多少天的大风等。

不可抗力事件发生后,承包人应立即通知工程师,并在力所能及的条件下迅速采取措施,尽量减少损失,发包人应协助承包人采取措施。不可抗力事件结束后48小时内承包人应向工程师通报受害情况和损失情况,以及预计清理和修复的费用。如果不可抗力事件持续发生,承包人应每隔7天向工程师报告一次受害情况,并于不可抗力事件结束后14天内,向工程师提交清理和修复费用的正式报告及有关资料。

因不可抗力事件导致的费用及延误的工期由双方按以下方法分别承担:

(1) 工程本身的损害、因工程损害导致第三方人员伤亡和财产损失以及运至施工场地用于施工的材料和待安装的设备的损害,由发包人承担;

(2) 发包人、承包人人员伤亡由其所在单位负责,并承担相应费用;

(3) 承包人机械设备损坏及停工损失,由承包人承担;

(4) 停工期间,承包人应工程师要求留在施工场地的必要的管理人员及保卫人员的费用由发包人承担;

(5) 工程所需清理、修复费用,由发包人承担;

(6) 延误的工期相应顺延。

因合同一方迟延履行合同后发生不可抗力的,不能免除迟延履行方的相应责任。

不可抗力事件的发生,对施工合同的履行会造成较大的影响。在合同订立时,当事人双方应当明确不可抗力的范围。工程师应当对不可抗力风险的承担有一个通盘的考虑:哪些不可抗力风险可以自己承担,哪些不可抗力风险应当转移出去(如投保等)。在施工合同的履行中,应当加强管理,尽可能地减少或者避免不可抗力事件的发生,不可抗力事件发生后应当尽量减少损失。

2. 保险

虽然我国对工程保险(主要是施工过程中的保险)没有强制性的规定,但随着建设项目法人责任制的推行,以前存在着事实上由国家承担不可抗力风险的情况将会有很大的改变，工程项目参加保险的情况会越来越多。

进行工程保险，施工合同双方当事人的保险义务分担如下：

（1）工程开工前，发包人应当为建设工程和施工场地内自有人员及第三方人员生命财产办理保险，支付保险费用；

（2）运至施工场地内用于工程的材料和待安装设备，由发包人办理保险，并支付保险费用；

（3）承包人必须为从事危险作业的职工办理意外伤害保险，并为施工场地内自有人员生命财产和施工机械设备办理保险，支付保险费用。

发包人可以将有关保险事项委托承包人办理，但费用由发包人承担。

保险事故发生时，承发包双方有责任尽力采取必要的措施，防止或者减少损失。

3. 担保

按照我国担保法的规定，担保的方式有保证、抵押、质押、留置和定金五种。在施工合同中，一般都是由信誉较好的第三方（如银行）以出具保函的方式担保施工合同当事人履行合同。从担保理论上说，这种保函实际上是一份保证书，是一种保证担保。这种担保是以第三方的信誉和经济实力为基础的，对于担保义务人而言，可以免予向对方交纳一笔资金或者提供抵押、质押财产。

施工合同双方当事人为了全面履行合同，应互相提供以下担保：

（1）发包人向承包人提供履约担保，按合同约定支付工程价款及履行合同规定的其他义务。

（2）承包人向发包人提供履约担保，履行合同规定的各项义务。

提供担保的内容、方式和相关责任，承发包双方当事人除在专用条款中约定外，被担保方和担保方还应签订担保合同，作为施工合同的附件。

（六）工程分包管理

1. 工程分包

工程分包，是指合同约定和发包人认可，分包人从承包人承包的工程中承包部分工程的行为。承包人按照有关规定对承包的工程进行分包是允许的。

承包人必须自行完成建设项目（或单项、单位工程）的主要部分，其非主要部分或专业性较强的工程可分包给营业条件符合该工程技术要求的建筑安装单位。结构和技术要求相同的群体工程，承包人应自行完成半数以上的单位工程。

承包人按专用条款的约定分包所承包的部分工程，并与分包人签订分包合同。非经发包人同意，承包人不得将承包工程的任何部分分包。

发包人与分包人之间不存在直接的合同关系。分包人应对承包人负责，承包人对发包人负责。

工程分包不能解除承包人任何责任与义务。承包人应在分包场地派驻相应监督管理人员，保证施工合同的履行。分包人的任何违约行为、安全事故或疏忽导致工程损害或给发包人造成其他损失，承包人承担连带责任。

分包工程价款由承包人与分包人结算。发包人未经承包人同意不得以任何名义向分包人支付各种工程款项。

2. 禁止工程转包

工程转包，是指不行使承包人的管理职能，不承担技术经济责任，将所承包的工程倒手转给他人承包的行为。承包方不得将其承包的全部工程转包给他人，也不得将其承包的全部工程肢解后以分包的名义分别转包给他人。工程转包，不仅违反合同，也违反我国有关法律和法规的规定，应坚决予以禁止。下列行为均属转包：

（1）承包人将其承包的工程全部包给其他施工单位，从中提取回扣的行为；

（2）承包人将工程的主要部分或结构技术要求相同的群体工程中半数以上的单位工程包给其他施工单位的行为；

（3）分包单位将承包的工程再次分包给其他施工单位的行为。

（七）违约责任

1. 发包人违约

发包人应当完成合同约定的应由己方完成的义务。如果发包人不履行合同义务或不按合同约定履行义务，则构成发包人违约。发包人的违约行为主要包括：

（1）发包人不按时支付工程预付款；

（2）发包人不按合同约定支付工程款；

（3）发包人无正当理由不支付工程竣工结算价款；

（4）发包人其他不履行合同义务或者不按合同约定履行义务的情况。

发包人的违约行为可以分成两类。一类是不履行合同义务的行为，如发包人应当将施工所需的水、电、电信线路从施工场地外部接至约定地点，但发包人没有履行这项义务，即构成违约；另一类是不按合同约定履行义务的行为，如发包人应当开通施工场地与城乡公共道路的通道，并在专用条款中约定了开通的时间和质量要求，但实际开通的时间晚于约定或质量低于合同约定，也构成违约。

另一方面，合同约定应当由工程师完成的工作，工程师没有完成或者没有按照约定完成，给承包人造成损失的，也应当由发包人承担违约责任。因为工程师是代表发包人进行工作的，其行为与合同约定不符时，视为发包人违约。发包人承担违约责任后，可以根据委托监理合同的规定追究工程师的相应责任。

2. 承包人违约

承包人应当完成合同约定的应由己方完成的义务。如果承包人不履行合同义务或不按合同约定履行义务，则构成承包人违约。承包人的违约行为包括：

（1）因承包人原因不能按照协议书约定的竣工日期或者工程师同意顺延的工期竣工；

（2）因承包人原因工程质量达不到协议书约定的质量标准；

（3）承包人其他不履行合同义务或不按合同约定履行义务的情况。

（八）合同争议的解决

承发包当事人双方在履行施工合同时发生争议，可以和解或者要求合同管理及其他有关主管部门调解。当事人不愿和解、调解或者和解或调解不成的，双方可以在专用条款内约定以下面一种方式解决争议：

（1）双方达成仲裁协议，向约定的仲裁委员会申请仲裁；

（2）向有管辖权的人民法院起诉。

承发包当事人双方在施工合同中直接约定仲裁，关键是要指明仲裁委员会，因为仲裁没有法定管辖，而是依据当事人的约定确定由哪一个仲裁委员会仲裁。仲裁委员会作出的裁决具有法律效力，当事人必须执行。如果一方不执行，另一方可向有管辖权的人民法院申请强制执行。

发生争议后，在一般情况下，双方都应继续履行合同，保持施工连续，保护好已完工程。只有出现下列情况时，当事人方可停止履行施工合同：

（1）单方违约导致合同确已无法履行，双方协议停止施工；
（2）调解要求停止施工，且为双方接受；
（3）仲裁委员会要求停止施工；
（4）法院要求停止施工。

（九）施工合同的解除

施工合同订立后，当事人应当按照合同的约定履行。但是，在一定的条件下，合同没有履行或者完全履行，当事人也可以解除合同。

1. 可以解除合同的情形

（1）合同的协商解除

施工合同当事人协商一致，可以解除合同。这是在合同成立以后、履行完毕以前，双方当事人通过协商而同意终止合同关系的解除。当事人的这项权利是合同中意思自治的具体体现。

（2）发生不可抗力时合同的解除

因为不可抗力或者非当事人的原因，造成工程停建或缓建，致使施工合同无法履行，双方可以解除合同。

（3）当事人违约时合同的解除

当事人发生以下违约行为时，可以解除施工合同：

①发包人不按合同约定支付工程款（进度款），双方又未达成延期付款协议，导致施工无法进行，承包人停止施工超过56天，发包人仍不支付工程款（进度款），承包人有权解除合同。

②承包人将其承包的全部工程转包给他人，或者肢解以后以分包的名义分别转包给他人，发包人有权解除合同。

③合同当事人一方的其他违约致使合同无法履行，双方可以解除合同。

2. 一方主张解除合同的程序

一方主张解除施工合同的，应向对方发出解除合同的书面通知，并在发出通知前7天告知对方，通知到达对方时合同解除。对解除合同有异议的，按照解决合同争议的程序处理。

3. 合同解除后的善后处理

合同解除后，当事人双方约定的结算和清理条款仍然有效。承包人应当妥善做好已完工程和已购材料、设备的保护和移交工作，按照发包人要求将自有机械设备和人员撤出施工场地。发包人应为承包人撤出提供必要的条件，支付以上所发生的费用，并按照合同约定支付已完工程价款。已经订货的材料、设备由订货方负责退货，或解除订货合同，不能退还的货款和因退货、解除订货合同发生的费用，由发包人承担；但未及时退货造成的损失由责任方承担。除此之外，有过错的一方应当赔偿因施工合同解除给对方造成的损失。

第四节 工程建设委托监理合同管理

一、建设工程委托监理合同及其特征

建设工程委托监理合同，是指建设单位委托监理单位为其对建设工程项目进行监督管理而明确双方权利、义务关系的协议。建设单位（业主）称委托人，监理单位称监理人，双方是平等的委托与被委托关系。

建设工程委托监理合同的委托人必须是具有国家批准的建设项目，落实投资计划的企事业单位、其他社会组织及个人；监理人必须是依法成立的具有法人资格的监理单位，并且所承担的建设工程监理业务应与单位资质相符合。签订建设工程委托监理合同必须符合工程项目建设程序。

建设单位与监理单位签订的建设工程委托监理合同，与在工程建设实施阶段所签订的其他合同的最大区别表现在标的性质上的差异。勘察合同、设计合同、施工合同、物资采购合同等的标的物是产生新的物质成果或信息成果，而委托监理合同的标的是服务，即监理工程师凭借自己的知识、经验、技能，受建设单位委托为其所签订的其他合同的履行实施监督和管理的职责。

鉴于建设工程委托监理合同标的的特殊性，作为合同一方当事人的监理单位，仅是接受建设单位委托对建设单位签订的设计、施工、加工订货等合同的履行实行监理，其目的仅限于通过自己的服务活动获得酬金，而不同于承包合同的承包人是以经营为目的，通过自己的管理、技术等手段获取利润。建设工程委托监理合同表明，受委托的监理单位不是建筑产品的直接经营者，不向建设单位承包工程造价。如果由于其严格管理或采纳了它所提供的合理化建议，在保证质量的前提下节约了工程投资，缩短了工期，建设单位应按建设工程委托监理合同中的规定给予一笔奖金，但这也只是对其所提供优质服务的奖励。

监理单位与施工单位之间是监理与被监理的关系，双方没有经济利益间的联系。当施工单位接受了监理工程师的指导而节省了投入时，监理单位也不参与其赢利分成。

二、建设工程委托监理合同示范文本简介

2000年2月，国家建设部和工商行政管理总局联合发布了《建设工程委托监理合同（示范文本）》，该合同是现阶段我国建设单位委托监理任务的主要合同文本形式。

1. 监理合同文件的组成

《建设工程委托监理合同（示范文本）》由"建设工程委托监理合同"、"标准条件"和"专用条件"三部分组成。

(1) 建设工程委托监理合同

建设工程委托监理合同是一个总的协议，是纲领性文件。主要内容是当事人双方确认的委托监理工程的概况（工程名称、地点、规模及总投资）；合同签订、生效、完成时间；双方愿意履行约定的各项义务的承诺，以及合同文件的组成。此外还应包括：①监理投标书或中标通知书；②监理委托合同标准条件；③监理委托合同专用条件；④在实施过程中双方共同签署的补充与修正文件。

建设工程委托监理合同是一份标准格式文件，经当事人双方在有限的空格内填写具体规定的内容并签字盖章后，即发生法律效力。

(2) 标准条件

标准条件内容涵盖了合同中所用的词语定义，适用范围和法规，签约双方的责任、权利和义务，合同生效、变更与终止，监理报酬，争议解决以及其他一些情况。它是监理合同的通用文本，适用于各类建设工程监理委托，是所有签约工程都应遵守的基本条件。

(3) 专用条件

在签订具体工程项目的委托监理合同时，就地域特点、专业特点和委托监理项目特点，对标准条件中的某些条款进行补充、修正。

2. 词语定义

(1) "工程"是指委托人委托实施监理的工程。

(2) "委托人"是指承担直接投资责任和委托监理业务的一方以及其合法继承人。

(3) "监理人"是指承担监理业务和监理责任的一方，以及其合法继承人。

(4) "监理机构"是指监理人派驻本工程现场实施监理业务的组织。

(5) "总监理工程师"是指经委托人同意，监理人派到监理机构全面履行本合同的全权负责人。

(6) "承包人"是指除监理人以外，委托人就工程建设有关事宜签订合同的当事人。

(7) "工程监理的正常工作"是指双方在专用条件中约定，委托人委托的监理工作范围和内容。

(8) "工程监理的附加工作"是指：

1) 委托人委托监理范围以外，通过双方书面协议另外增加的工作内容；

2) 由于委托人或承包人原因，使监理工作受到阻碍或延误，因增加工作量或持续时间而增加的工作。

(9) "工程监理的额外工作"是指正常工作和附加工作以外，根据规定监理人必须完成的工作，或非监理人自己的原因而暂停或终止监理业务，其善后工作及恢复监理业务的工作。

(10) "日"是指任何一天零时至第二天零时的时间段。

(11) "月"是指根据公历从一个月份中任何一天开始到下一个月相应日期的前一天的时间段。

3. 适用法规

建设工程委托监理合同运用的法律是指国家的法律、行政法规，以及专用条件中议定的部门规章或工程所在地的地方法规、地方规章。

三、建设工程委托监理合同当事人的权利义务和责任

(一) 当事人的义务

1. 监理人的义务

(1) 监理人应按合同约定派出监理工作需要的监理机构及监理人员,向委托人报送委派的总监理工程师及其监理机构主要成员名单、监理规划,完成监理合同专用条件中约定的监理工程范围内的监理业务。在履行合同义务期间,应按合同约定,定期向委托人报告监理工作。

(2) 监理人在履行合同义务期间,应认真、勤奋地工作,为委托人提供与其水平相适应的咨询意见,公正维护各方面的合法权益。

(3) 监理人使用委托人提供的设施和物品属委托人的财产,在监理工作完成或中止时,应将其按合同约定的时间和方式移交给委托人。

(4) 在合同期内或合同终止后,未征得有关方同意,不得泄露与本工程、本合同业务有关的保密资料。

2. 委托人的义务

(1) 委托人在监理人开展监理业务之前应向监理人支付预付款。

(2) 委托人应当负责工程建设的所有外部关系的协调,为监理工作提供外部条件。根据需要,如将部分或全部协调工作委托监理人承担,则应在专用条件中明确委托的工作和相应的报酬。

(3) 委托人应当在双方约定的时间内免费向监理人提供与工程有关的为监理工作所需的工程资料。

(4) 委托人应当在专用条款约定的时间内就监理人书面提交并要求作出决定的一切事宜作出书面决定。

(5) 委托人应当授权一名熟悉工程情况、能在规定时间内作出决定的常驻代表(在专用条款中约定),负责与监理人联系。更换常驻代表要提前通知监理人。

(6) 委托人应当将授予监理人的监理权利,以及监理人主要成员的职能分工、监理权限及时书面通知已选定的承包合同的承包人,并在与第三人签订的合同中予以明确。

(7) 委托人应在不影响监理人开展监理工作的时间内提供如下资料:
①与本工程合作的原材料、构配件、设备等生产厂家名录。
②提供与本工程有关的协作单位、配合单位的名录。

(8) 委托人应免费向监理人提供办公用房、通信设施、监理人员工地住房及合同专用条件约定的设施,对监理人自备的设施给予合理的经济补偿。

(9) 根据情况需要,如果双方约定,由委托人免费向监理人提供其他人员,应在监理合同专用条件中予以明确。

(二) 当事人的权利

1. 监理人的权利

(1) 监理人在委托人委托的工程范围内,享有以下权利:

①选择工程总承包人的建议权。

②选择工程分包人的认可权。

③对工程建设有关事项，包括工程规模、设计标准、规划设计、生产工艺设计和使用功能要求，向委托人的建议权。

④对工程设计中的技术问题，按照安全和优化的原则，向设计人提出建议；如果拟提出的建议可能会提高工程造价，或延长工期应当事先征得委托人的同意。当发现工程设计不符合国家颁布的建设工程质量标准或设计合同约定的质量标准时，监理人应当书面报告委托人并要求设计人更正。

⑤审批工程施工组织设计和技术方案，按照保质量、保工期和降低成本的原则，向承包人提出建议，并向委托人提出书面报告。

⑥主持工程建设有关协作单位的组织协调，重要协调事项应当事先向委托人报告。

⑦征得委托人同意，监理人有权发布开工令、停工令、复工令，但应当事先向委托人报告。如在紧急情况下未能事先报告时，则应在 24 小时内向委托人作出书面报告。

⑧工程上使用的材料和施工质量的检验权。对于不符合设计要求和合同约定及国家质量标准的材料、构配件、设备，有权通知承包人停止使用；对于不符合规范和质量标准的工序、分部分项工程和不安全施工作业，有权通知承包人停工整改、返工。承包人得到监理机构复工令后才能复工。

⑨工程施工进度的检查、监督权，以及工程实际竣工日期提前或超过工程施工合同规定的竣工期限的签认权。

⑩在工程施工合同约定的工程价格范围内，工程款支付的审核和签认权，以及工程结算的复核确认权与否决权。未经总监理工程师签字确认，委托人不支付工程款。

（2）监理人在委托人授权下，可对任何承包人合同规定的义务提出变更。如果由此严重影响了工程费用或质量、进度，则这种变更需经委托人事先批准。在紧急情况下未能事先报委托人批准时，监理人所做的变更也应尽快通知委托人。在监理过程中如发现工程承包人人员工作不力，监理机构可要求承包人调换有关人员。

（3）在委托的工程范围内，委托人或承包人对对方的任何意见和要求（包括索赔要求），均必须首先向监理机构提出，由监理机构研究处置意见，再同双方协商确定。当委托人和承包人发生争议时，监理机构应根据自己的职能，以独立的身份判断，公正地进行调解。当双方的争议由政府建设行政主管部门调解或仲裁机构仲裁时，应当提供作证的事实材料。

2. 委托人的权利

（1）委托人有选定工程总承包人，以及与其订立合同的权利。

（2）委托人有对工程规模、设计标准、规划设计、生产工艺设计和设计使用功能要求的认定权，以及对工程设计变更的审批权。

（3）监理人调换总监理工程师须事先经委托人同意。

（4）委托人有权要求监理人提交监理工作月报及监理业务范围内的专项报告。

（5）当委托人发现监理人员不按监理合同履行监理职责，或与承包人串通给委托人或工程造成损失的，委托人有权要求监理人更换监理人员，直到终止合同，并要求监理人承担相应的赔偿责任或连带赔偿责任。

（三）当事人的责任

1. 监理人的责任

（1）监理人的责任期即委托监理合同有效期。在监理过程中，如果因工程建设进度的推迟或延误而超过书面约定的日期，双方应进一步约定相应延长的合同期。

（2）监理人在责任期内，应当履行约定的义务。如果因监理人过失而造成了委托人的经济损失，应当向委托人赔偿。累计赔偿总额（除上述委托人权利（5）的规定以外）不应超过监理报酬总额（除去税金）。

（3）监理人对承包人违反合同规定的质量要求和完工（交图、交货）时限，不承担责任。因不可抗力导致委托监理合同不能全部或部分履行，监理人不承担责任。

（4）监理人向委托人提出赔偿要求不能成立时，监理人应当补偿由于该索赔所导致委托人的各种费用支出。

2. 委托人的责任

（1）委托人应当履行委托监理合同约定的义务，如有违反则应当承担违约责任，赔偿给监理人造成的经济损失。

（2）监理人处理委托业务时，因非监理人原因的事由受到损失的，可以向委托人要求补偿损失，委托人应承担赔偿责任。

（3）委托人如果向监理人提出赔偿的要求不能成立，则应当补偿由该索赔所引起的监理人的各种费用支出。

四、监理合同生效、变更与终止

（1）由于委托人或承包人的原因使监理工作受到阻碍或延误，以致发生了附加工作或延长了持续时间，则监理人应当将此情况与可能产生的影响及时通知委托人。完成监理业务的时间相应延长，并得到附加工作的报酬。

（2）在委托监理合同签订后，实际情况发生变化，使得监理人不能全部或部分执行监理业务时，监理人应当立即通知委托人。该监理业务的完成时间应予以延长。当恢复执行监理业务时，应当增加不超过42日的时间用于恢复执行监理业务，并按双方约定的数量支付监理报酬。

（3）监理人向委托人办理完竣工验收或工程移交手续，承包人和委托人已签订工程保修责任书，监理人收到监理报酬尾款，本合同即终止。保修期间的责任，双方在专用条款中约定。

（4）当事人一方要求变更或解除合同时，应当在42日前通知对方，因解除合同使一方遭受损失的，除依法可以免除责任的外，应由责任方负责赔偿。变更或解除合同的通知或协议必须采取书面形式，协议未达成之前，原合同仍然有效。

（5）监理人在应当获得监理报酬之日起30日内仍未收到支付单据，而委托人又未对监理人提出任何书面解释时，或根据《建设工程委托监理合同（示范文本）》第32条及第33条已暂停执行监理业务时限超过6个月的，监理人可向委托人发出终止合同的通知，发出通知后 14 日内仍未得到委托人答复，可进一步发出终止合同的通知，如果第二份通知发出后 42 日内仍未得到委托人答复，可终止合同或自行暂停或继续暂停执行全部或部分监理业务。委托人承担违约责任。

（6）监理人由于非自己的原因而暂停或终止执行监理业务，其善后工作以及恢复执行监理业务的工作，应当视为额外工作，有权得到额外的报酬。

（7）当委托人认为监理人无正当理由而又未履行监理义务时，可向监理人发出指明其未履行义务的通知。若委托人发出通知后 21 日内没有收到答复，可在第一个通知发出后 35 日内发出终止委托监理合同的通知，合同即行终止。监理人承担违约责任。

（8）合同协议的终止并不影响各方应有的权利和应当承担的责任。

五、监理报酬

1. 正常的监理工作、附加工作和额外工作的报酬，按照监理合同专用条件中的方法计算，并按约定的时间和数额支付。

2. 如果委托人在规定的支付期限内未支付监理报酬，自规定之日起，还应向监理人支付滞纳金。滞纳金从规定支付期限最后一日起计算。

3. 支付监理报酬所采取的货币币种、汇率由合同专用条件约定。

4. 如果委托人对监理人提交的支付通知中报酬或部分报酬项目提出异议，应当在收到支付通知书 24 小时内向监理人发出表示异议的通知，但委托人不得拖延其他无异议报酬项目的支付。

六、违约责任

委托人和监理人双方都应在建设工程委托监理合同有效期内履行约定的义务，如有违反则应承担违约责任，赔偿给对方造成的经济损失。合同中任何一方对对方负有责任时的赔偿原则是：

1. 赔偿应限于由于违约所造成的，可以合理预见到的损失和损害的数额。

2. 赔偿的累计数额不应超过专用条件中规定的最大赔偿数额；在监理人一方，其赔偿总额一般不应超出监理酬金总额（除去税金）。

3. 如果任何一方与第三方共同对另一方负有责任时，则负有责任的一方所应付赔偿比例应限于由其违约所应负的那部分比例。

七、其他

1. 委托的建设工程监理所必要的监理人员出外考察、材料设备复试，其费用支出经委托人同意的，在预算范围内向委托人实报实销。

2. 在监理业务范围内，如需聘用专家咨询或协助，由监理人聘用的，其费用由监理人承担；由委托人聘用的，其费用由委托人承担。

3. 监理人在监理工作过程中提出的合理化建议，使委托人得到了经济效益，委托人应按专用条件中的约定给予经济奖励。

4. 监理人驻地监理机构及其职员不得接受监理工程项目施工承包人的任何报酬或者经济利益。监理人不得参与可能与合同规定的与委托人的利益相冲突的任何活动。

5. 监理人在监理过程中，不得泄露委托人申明的秘密，监理人亦不得泄露设计人、承包人等提供并申明的秘密。

6. 监理人对于由其编制的所有文件拥有版权，委托人仅有权为本工程使用或复制此类文件。

第五节　施工索赔管理

一、施工索赔的概念

施工索赔是指施工合同当事人在合同实施过程中，根据法律、合同规定及惯例，对于非自己的过错，而是应由对方承担责任时造成的实际损失向对方提出经济补偿和（或）时间补偿的要求。

在工程建设的各个阶段，都有可能发生索赔，其中，以施工阶段的索赔发生较多，因此，施工索赔管理是监理工程师合同管理的重要组成内容。对于合同双方来说，索赔是维护双方合法权益的有效手段，既可以是承包人向发包人提出索赔，也可以是发包人向承包人提出索赔，即索赔是双向的，并不是某一方的特权。

索赔的性质属于经济补偿行为，而不是惩罚。索赔的损失结果与被索赔人的行为并不一定存在法律上的因果关系。索赔工作是承发包双方之间经常发生的管理业务，是双方合作的方式，而不是对立。经过实践证明，索赔的健康开展对于培养和发展社会主义建设市场，促进行业的发展，提高工程的效益，起着非常重要的作用。

二、施工索赔的分类

（一）按索赔事件所处合同状态分类

1. 正常施工索赔

正常施工索赔，是指在正常履行合同中发生的各种违约、变更、不可预见因素、加速施工、政策变化等情况引起的索赔。正常施工索赔是最常见的索赔形式。

2. 工程停、缓建索赔

工程停、缓建索赔，是指已经履行合同的工程因不可抗力、政府法令、资金或其他原因必须中途停止施工所引起的索赔。

3. 解除合同索赔

解除合同索赔，是指因合同中的一方严重违约，致使合同无法正常履行的情况下，合同的另一方行使解除合同的权力所产生的索赔。

（二）按索赔依据的范围分类

1. 合同内索赔

合同内索赔，是指索赔所涉及的内容可以在履行的合同中找到条款依据，并可根据合同条款或协议中预先规定的责任和义务划分责任，按违约规定和索赔费用、工期的计算办法提出的索赔。一般情况下，合同内索赔的解决相对容易。

2. 合同外索赔

合同外索赔与合同内索赔依据恰恰相反，即索赔所涉及的内容难以在合同条款及有关协议中找到依据，但可能来自民法、经济法或政府有关部门颁布的有关法规所赋予的权力。如在民事侵权行为、民事伤害行为中找到依据所提出的索赔，就属合同外索赔。

3. 道义索赔

道义索赔，是指承包人无论在合同内或合同外都找不到进行索赔的依据，没有提出索赔的条件和理由，但在合同履行中诚恳可信，为工程的质量、进度及与发包人配合上尽了最大的努力，但由于工程实施过程中估计失误，确实造成了很大的亏损，恳请发包人给予救助。这时，发包人为了使自己的工程获得良好的进展，出于同情和信任合作的承包人而慷慨予以费用补偿。发包人支付这种道义救助，能够获得承包人更理想的合作，最终发包人并无损失。因为承包人这种并非管理不善和质量事故造成的亏损过大，往往是在投标时估价不足造成的。换言之，若承包人充分地估计了实际情况，在合同价中也应含有这部分费用。

（三）按索赔的目的分类

1. 工期索赔

工期索赔，是指由于非承包人责任的原因而导致施工进程延误，承包人要求批准延展合同工期的索赔。工期索赔形式上是对权利的要求，以避免在原定合同竣工日期不能完工时，被发包人追究拖期违约责任。一旦获得批准合同工期延展后，承包人不仅免除了承担拖期违约赔偿费的严重风险，而且可能提前工期得到奖励。因此，工期索赔最终仍反映在经济收益上。

2. 费用索赔

费用索赔，是指当施工的客观条件改变导致承包人增加开支，承包人要求对超出计划成本的附加开支给予补偿，以挽回不应由其承担的经济损失的索赔。费用索赔的目的是要求经济补偿。

（四）按照索赔的处理方式分类

1. 单项索赔

单项索赔，是指某一事件发生对承包人造成工期延长或额外费用支出时，承包人即可对这一事件的实际损失在合同规定的索赔有效期内提出的索赔。

2. 综合索赔

综合索赔又称一揽子索赔，是指承包人在工程竣工结算前，将施工过程中未得到解决的或承包人对发包人答复不满意的单项索赔集中起来，综合提出一次索赔，双方进行谈判协商。综合索赔一般都是单项索赔中遗留下来的意见分歧较大的难题，对责任的划分、费用的计算等都各持己见,不能立即解决。

三、施工索赔的起因

在工程项目施工管理中,分析引起索赔的原因是做好索赔管理的首要工作。引起施工索赔的原因是复杂多样的,主要有以下几种情况:

(一)发包人及工程师违约

1. 发包人违约

(1)发包人未按合同规定的时间、大小等交付施工场地。

(2)发包人未在合同规定的期限内办理土地征用,青苗树木赔偿,房屋拆迁,地面、半空中和地下障碍等清除工作的手续,施工场地没有或者没有完全具备施工条件。

(3)发包人未按合同规定将施工所需水、电、通信线路从施工场地外部接至约定地点,或虽接至约定地点,但却没有保证施工期间的需要。

(4)发包人没有按合同规定开通施工场地与城乡公共道路的通道,施工场地内的主要交通干道没有满足施工运输的需要,没有保证施工期间运输的畅通。

(5)发包人没有按合同约定及时向承包人提供施工场地的工程地质和地下管网线路资料,或者提供的数据不符合真实准确的要求。

(6)发包人未及时办理施工所需各种证件、批件和临时用地、占道及铁路专用线的申报批准手续。

(7)发包人未及时将水准点与坐标控制点以书面形式交给承包人。

(8)发包人未及时组织设计单位和承包人进行图纸会审,未及时向承包人进行设计交底。

(9)发包人没有妥善做好施工现场周围地下管线和邻接建筑物、构筑物的保护工作,影响施工顺利进行。

(10)发包人没有按合同的规定提供应由发包人提供的建筑材料、机械设备,影响施工正常进行。

(11)发包人拖延合同规定的责任,如拖延图样的批准、拖延隐蔽工程的验收、拖延对承包人所提问题的答复,造成施工的延误。

(12)发包人未按合同规定的时间和数量支付工程款,给承包人造成损失。

(13)发包人要求赶工,一般会引起承包人加大支出,也可导致承包人提出索赔。

(14)发包人提前占用部分永久工程,会给施工造成不利影响,也可引起承包人提出索赔。

2. 监理工程师的不当行为

监理工程师是接受发包人委托进行工作的。从施工合同的角度看,他们的不当行为给承包人造成的损失应当由发包人承担。发包人承担责任后,再如何与监理工程师(监理单位)进行分担,则由发包人内部管理规定和工程建设监理合同决定。监理工程师的不当行为包括以下四个方面:

(1)监理工程师的不正确纠正。

(2) 监理工程对正常施工工序造成干扰。

(3) 监理工程师对工程进行苛刻检查。

(4) 监理工程师故意不及时检查。

(二) 合同变更与合同缺陷

1. 合同变更

合同变更的表现形式非常多，其主要内容包括：

(1) 发包人对工程项目有了新要求，如提高或降低建筑标准、项目的用途发生变化、削减预算等。

(2) 在施工过程中发现设计有错误，必须对设计图样作修改。

(3) 发生不可抗力，必须进行合同变更。

(4) 施工现场的施工条件与原来的勘察有很大不同。

(5) 由于产生了新的施工技术，有必要改变原设计、实施方案。

(6) 政府部门对工程项目有新的要求。

2. 合同缺陷

合同缺陷指所签施工合同进入实施阶段才发现的，合同本身存在的（合同签订时没有预料的），现时已不能再作修改或补充的问题。大量的工程合同管理经验证明，合同在实施过程中，常发现有如下的情况：

(1) 合同条款规定用语含糊、不够准确，难以分清承发包双方的责任和权益。

(2) 合同条款中存在着漏洞，对实际可能发生的情况未做预料和规定，缺少某些必不可少的条款。

(3) 合同条款之间存在矛盾，即在不同的条款中，对同一问题的规定或要求不一致。

(4) 双方对某些条款理解不一致。由于合同签订前没有把各方对合同条款的理解进行沟通，发生合同争执。

(5) 合同的某些条款中隐含着较大风险，即对单方面要求过于苛刻、约束不平衡，甚至发现条文是一种圈套。

(三) 不可预见性因素

1. 不可预见性障碍

不可预见性障碍是指承包人在开工前，根据发包人所提供的工程地质勘探报告及现场资料，并经过现场调查，都无法发现的地下自然或人工障碍。如古井、墓坑、断层、溶洞及其他人工构筑物类障碍等。

在实际工程中，不可预见性障碍表现为不确定性障碍的情况更常见。所谓不确定性障碍，是指承包人根据发包人所提供的工程地质勘探报告及现场资料，或经现场调查可以发现的地下自然的或人工的障碍，但因资料描述与实际情况存在较大差异，而这些差异导致承包人不能预先准确地做出处理方案及测算出处置费用。

不确定性障碍属不可预见性障碍范围，但从施工索赔的角度看，不可预见性障碍的索赔比较容易被批准，而不确定性障碍的索赔则需要根据施工合同细则条款论证。区分不确定性障碍与不可预见性障碍的表现，采取不同的索赔方法是施工索赔管理应注意的。

2. 其他第三方原因

其他第三方原因是指与工程有关的其他第三方发生的问题对本工程的影响。其表现的情况是复杂多样的，往往难以划定类型，如下述情况：

（1）正在按合同供应材料的单位因故被停止营业，使正需用的材料供应中断。

（2）因铁路紧急调运救灾物资，使正常物资运输造成压站，工程设备因而迟于安装日期到场或不能配套到场。

（3）进场设备运输必经桥梁因故断塌，使绕道运输费大增。

（4）由于邮路原因，发包人没有按合同要求向对方支付工程款中应付款项等。

（四）国家政策、法规的变更

国家政策、法规的变更，通常是指直接影响到工程造价的某些政策及法规的变更。对于这类因素，承发包双方在签订合同时必须重视。常见的国家政策、法规的变更有：

（1）每年由工程造价管理部门发布的建筑工程材料预算价格的调整。

（2）每年由工程造价管理部门发布的竣工工程调价系数。

（3）国家对建筑三材（钢材、木材、水泥）由计划供应改为市场供应后，市场价与概预算定额文件价差的有关规定。

（4）国家调整关于建设银行贷款利率的规定。

（5）国家有关部门关于在工程中停止使用某种设备、某种材料的通知。

（6）国家有关部门关于在工程中推广某些设备、施工技术的规定。

（7）国家对某种设备、建筑材料限制进口、提高关税的规定等。

显然，上述有关政策、法规的变更对建筑工程的造价必然产生影响，当事人的一方可依据这些政策、法规的规定向另一方提出补偿要求。

（五）合同中止及解除

实际工作中，国家政策的变化，不可抗力以及承发包双方之外的原因，导致工程停建或续建的情况时有发生，必然造成合同中止。另外，由于在合同履行中，承发包双方在工作合作中不协调、不配合甚至矛盾激化，使合同履行不能再维持下去的情况；或发包人严重违约，承包人行使合同解除权；或承包人严重违约，发包人行使合同解除权等，都会产生合同的解除。

由于合同的中断或解除是在施工合同还没有履行完而发生的，必然对工程施工双方带来经济损失，因此，发生索赔是难免的。但引起合同中断及解除的原因不同，索赔方的要求及解决过程也大不一样。

四、施工索赔的处理

（一）索赔成立的条件

1. 与合同对照，事件已造成了承包人工程项目费用的额外支出或工期的损失；

2. 造成费用增加或工期损失的原因，按合同约定不属于承包人的责任或承包人应承担的风险范围；

3. 承包人按合同规定的程序提交了索赔意向通知和索赔报告。

（二）索赔程序

《建设工程施工合同（示范文本）》通用条款第 36.2 款规定，当发包人未能按合同约定履行自己的各项义务或发生错误以及应由发包人承担责任的其他情况，造成工期延误或承包人不能及时得到合同价款及其他经济损失，承包人可按下列程序以书面形式提出索赔：

（1）当出现索赔事件时，承包人以书面的索赔通知书形式，在索赔事件发生后的 28 天以内，向监理工程师正式提出索赔意向通知书；

（2）在索赔通知书发出后的 28 天内，承包人向监理工程师提出延长工期或补偿经济损失的索赔报告及有关资料；

（3）监理工程师在收到承包人送交的索赔报告及有关资料后，于 28 天内给予答复，或要求承包人进一步补充索赔理由和证据；

（4）监理工程师在收到承包人送交的索赔报告及有关资料后 28 天内未予答复，或未对承包人作进一步要求的，视为该项索赔已经认可；

（5）当索赔事件持续进行时，承包人应当阶段性地向监理工程师发出索赔意向，在索赔事件终了后 28 天内，向监理工程师送交索赔的有关资料和最终索赔报告，监理工程师应在 28 天内给予答复或要求承包人进一步补充索赔理由和证据，逾期未答复，视为该项索赔成立；

（6）监理工程师对索赔的答复，如果承包人和发包人不能接受，即进入仲裁或诉讼程序。

（三）索赔意向通知、索赔报告及索赔证据

1. 索赔意向通知

索赔意向通知没有统一的要求，一般可考虑下述内容：

（1）索赔事件发生的时间、地点或工程部位；

（2）索赔事件发生的双方当事人或其他有关人员；

（3）索赔事件发生的原因及性质，应特别说明并非承包人的责任；

（4）承包人对索赔事件发生后的态度，特别应说明承包人为控制事件的发展、减少损失所采取的行动；

（5）写明事件的发生将会使承包人产生额外经济支出或其他不利影响；

（6）提出索赔意向，注明合同条款依据。

2. 索赔报告

索赔报告的基本内容包括以下几个方面：

（1）列出标题，标题应高度概括索赔的核心内容，如"关于×××事件的索赔"；

（2）陈述事件发生的过程，如工程变更情况，施工期间监理工程师的指令，双方往来信函、会谈的经过及纪要，着重指出发包人（监理工程师）应承担的责任；

（3）提出作为索赔依据的具体合同条款、法律、法规依据；

（4）指出索赔事件给承包商造成的影响和带来的损失；

（5）列出费用损失或工程延期的计算公式（方法）、数据、表格和计算结果，并依此提出索赔要求；

（6）总索赔应在上述各项索赔的基础上提出索赔总金额或工程总延期天数的要求；

（7）附录，即各种索赔证据。

3. 索赔证据

索赔报告必须附有支持其索赔理由的各种证据。没有证据，或证据不足，索赔是不能成立的。常见的索赔证据有：

（1）招标文件

招标文件中的合同文本及附件，其他的各种签约（备忘录、修正案等），业主认可的原工程实施计划，各种工程图样（包括图样修改指令）、技术规范等。它们作为索赔理由方面的证据，在索赔报告中可直接引用。

（2）来往信件

如业主的变更指令、各种认可信、通知、对承包商问题的答复信等。这里要注意，商讨性的和意向性的信件通常不能作为变更指令或合同变更。

（3）各种会谈纪要

在标前会议和开标前的澄清会议上，业主对承包商问题的书面答复，或双方签署的会谈纪要；在合同实施过程中，业主、监理工程师和各承包商定期或不定期会商做出的决议或决定。它们可作为合同的补充，但会谈纪要须经各方签署才有法律效力。

（4）施工进度计划和实际施工进度记录

包括总进度计划，开工后业主和监理工程师批准的详细进度计划，每月进度修改计划，实际施工进度记录，月进度报表等。这里对索赔有重大影响的不仅是工程的施工顺序、各工序的持续时间，而且劳动力、管理人员、施工机械设备、现场设施的安排计划和实际情况，材料的采购订货和运输及使用计划和实际情况等都是工程变更索赔的证据。

（5）施工现场的工程文件

如施工记录、施工备忘录、施工日报、工长或检查员的工作日记、监理工程师填写的施工记录和各种签证等。

（6）工程照片

照片作为证据最清楚且直观，照片上应注明日期。索赔中常用的有，表示工程进度的照片、隐蔽工程覆盖前的照片、业主责任造成返工的照片、业主责任造成工程损坏的照片等。

（7）气候报告

如果遇到恶劣的天气，应作记录，并请监理工程师签证。

（8）工程检查验收报告和各种技术鉴定报告

如地基承载力试验报告，隐蔽工程验收报告，材料试验报告，材料、设备开箱验收报告，工程验收报告等。它们能证明承包商的工程质量。

（9）工程中停电、停水、道路开通和封闭的记录和证明

（10）建筑材料的采购、订货、运输、进场、使用方面的凭据

（11）官方的物价指数、工资指数、中央银行的外汇比价等公布材料

（12）各种会计核算资料

因为索赔以赔偿实际损失为原则，所以实际会计资料决定索赔值的大小。在索赔值计

算中要用到的会计资料有：工资单、工资报表、各种收付款原始凭证、总分类账、管理费用报表、工程成本报表等。

（13）国家法律、法令、政策文件

如因工资税增加提出索赔，索赔报告中只需引用文号、条款号即可，而在索赔报告后附上复印件。

小　　结

完善建设市场体系，加强合同管理，提高工程建设合同履约率，是工程建设市场健康发展的必要保证。市场经济的规范性和有序性是靠健全的合同秩序来体现的。在工程项目的整个建设过程中，建设单位与设计单位、承包单位、监理单位和设备、材料供应单位等之间的经济行为均由合同来约束和规范。在工程建设合同文本中，对当事人的权利、义务和责任做了明确的规定和约定。所以合同管理是工程项目管理的核心，也是工程建设监理工作的核心。

【案例分析】

某高速公路工程承包商为了避免今后可能支付延误赔偿金的风险，要求将路基的完工时间延长6个星期，承包商的理由如下：

(1) 特别严重的降雨；

(2) 现场劳务不足；

(3) 业主在原工地现场之外的另一地方追加了一项额外工作；

(4) 无法预见的恶劣土质条件，使路基施工难度加大；

(5) 施工场地使用权提供延误；

(6) 工程款不到位。

问题：

1. 监理工程师认为以上哪一些引起的延误是可原谅延误，所以批准延长工期4个星期。

2. 对现场劳务不足问题，监理工程师认为属于承包商自己的责任，由此引起的延误是不可原谅延误，不同意就此延长工期，这样处理对吗？

3. 哪些是业主的责任？监理工程师该如何处理？

思　考　题

1. 简述合同生效的概念及法律规定。
2. 简述合同违约责任的处理方式。
3. 简述勘察、设计费的数量及拨付办法。

4. 施工合同的计价方式有哪几种？各有何特点？
5. 设计变更价款的确定原则是什么？
6. 简述工程建设委托监理合同条款的组成。
7. 简述引起施工索赔的原因有哪些？

第八章　工程建设监理信息管理

本章介绍了工程建设监理信息的概念、特点、内容与分类，并阐述了工程建设监理信息管理基本任务、工程建设监理信息系统、工程建设监理文件档案资料管理等内容。

第一节　建设监理信息管理概述

一、监理信息的概念与特点

监理信息是在整个工程建设监理过程中发生的、反映着工程建设的状态和规律的信息。它具有一般信息的特征，同时也有其本身的特点。

1. 来源广，信息量大。在建设监理制度下，工程建设是以监理工程师为中心，项目监理组织自然成为信息生成、流入和流出的中心。监理信息来自两个方面，一是项目监理组织内部进行项目控制和管理而产生的信息；二是在实施监理的过程中，从项目监理组织外流入的信息。由于工程建设的长期性和复杂性，由于涉及的单位众多，因而从这两方面来的信息来源广，信息量大。

2. 动态性强。工程建设的过程是一个动态过程，监理工程师实施的控制也是动态控制，因而大量的监理信息都是动态的，这就需要及时地收集和处理。

3. 有一定的范围和层次。业主委托监理的范围不一样，监理信息也不一样。监理信息不等同于工程建设信息，工程建设过程中，会产生很多信息，这些信息并非都是监理信息，只有那些与监理工作有关的信息才是监理信息。不同的工程建设项目，所需的信息既有共性，又有个性。另外，不同的监理组织和监理组织的不同部门，所需的信息也不一样。

监理信息的这些特点，要求监理工程师必须加强信息管理，把信息管理作为工程建设监理的一项主要内容。

二、监理信息的表现形式及内容

监理信息的表现形式就是信息内容的载体，也就是各种各样的数据。在工程建设监理过程中，各种情况层出不穷，这些情况包含了各种各样的数据。这些数据可以是文字，可以是数字，可以是各种表格，也可以是图形、图像和声音。

1. 文字数据。文字数据是监理信息的一种常见的表现形式。文件是最常见的用文字数据表现的信息。管理部门会下发很多文件，工程建设各方，通常规定以书面形式进行交流，即使是口头上的指令，也要在一定时间内形成书面的文字，这也会形成大量的文件。这些文件包括国家、地区、部门行业、国际组织颁布的有关工程建设的法律、法规文件，如经济合同法、政府建设监理主管部门下发的通知和规定、行业主管部门下发的通知和规定等。还包括国际、国家和行业等制定的标准规范。如合同标准、设计及施工规范、材料标准、图形符号标准、产品分类及编码标准等。具体到每一个工程项目，还包括合同及招投标文件、工程承包（分包）单位的情况资料、会议纪要、监理月报、洽商及变更资料、监理通知、隐蔽及预检记录资料等。这些文件中包含了大量的信息。

2. 数字数据。数字数据也是监理信息的常见表现形式。在工程建设中，监理工作的科学性要求"用数字说话"，为了准确地说明各种工程情况，必然有大量数字数据产生，各种计算成果，各种试验检测数据，反映着工程项目的质量、投资和进度等情况。用数据表现的信息常见的有：设备与材料价格；工程概预算定额；调价指数；工期、劳动、机械台班的施工定额；地区地质数据；项目类型及专业和主材投资的单位指标；大宗主要材料的配合数据等。具体到每个工程项目，还包括：材料台账；设备台账；材料、设备检验数据；工程进度数据；进度工程量签证及付款签证数据；专业图纸数据；质量评定数据；施工人力和机械数据等。

3. 各种报表。报表是监理信息的另一种表现形式，工程建设各方都用这种直观的形式传播信息。承包商需要提供反映工程建设状况的多种报表。这些报表有：开工申请单、施工技术方案审报表、进场原材料报验单、进场设备报验单、施工放样报验单、分包申请单、合同外工程单价申报表、计日工单价申报表、合同工程月计量申报表、额外工程月计量申报表、人工与材料价格申报表、付款申请表、索赔申请书、索赔损失计算清单、延长工期申报表、复工申请、事故报告单、工程验收申请单、竣工报验单等。监理组织内部常采用规范化的表格来作为有效控制的手段。这类报表有：工程开工令、工程清单支付月报表、暂定金额支付月报表、应扣款月报表、工程变更通知、额外增加工程通知单、工程暂停指令、复工指令、现场指令、工程验收证书、工程验收记录、竣工证书等。监理工程师向业主反映工程情况也往往用报表形式传递工程信息。这类报表有：工程质量月报表、项目月支付总表、工程进度月报表、进度计划与实际完成报表、施工计划与实际完成情况表、监理月报表、工程状况报告表等。

4. 图形、图像和声音等。这些信息包括工程项目立面、平面及功能布置图形、项目位置及项目所在区域环境实际图形或图像等，对每一个项目，还包括分专业隐检部位图形、分专业设备安装部位图形、分专业预留预埋部位图形、分专业管线平（立）面走向及跨越伸缩缝部位图形、分专业管线系统图形、质量问题和工程进度形象图像，在施工中还有设计变更图等。图形、图像信息还包括工程录像、照片等，这些信息直观、形象地反映了工程情况，特别是能有效反映隐蔽工程的情况。声音信息主要包括会议录音、电话录音以及其他的讲话录音等。

以上这些只是监理信息的一些常见形式，而且监理信息往往是这些形式的组合。了解监理信息的各种形式及其特点，对收集、整理信息很有帮助。

三、建设监理信息的分类

不同的监理范畴，需要不同的信息。因此，可按照不同的标准将监理信息进行归类划分，来满足不同监理工作的信息需求，并有效地进行管理。

监理信息的分类方法通常有以下几种：

（一）按工程建设监理的目标划分

1. 造价控制信息

造价控制信息是指与造价控制直接有关的信息，如各种估算指标、类似工程造价、物价指数、概算定额、预算定额、投资估算、设计概预算、合同价、施工阶段的支付账单、原材料价格、机械设备台班费、人工费等。

2. 质量控制信息

质量控制信息是指与质量控制直接有关的信息，如国家有关的质量政策及质量标准、工程项目建设标准、质量目标的分解结果、质量控制工作制度、工作流程、风险分析、质量抽样检查的数据等。

3. 进度控制信息

进度控制信息是与进度控制直接有关的信息，如施工定额、工程项目总进度计划、进度目标分解、进度控制的工作制度、风险分析、进度记录等。

（二）按建设监理信息的来源划分

1. 工程项目内部信息

工程内部信息取自工程建设项目本身，如工程概况、设计文件、施工方案、合同管理制度、会议制度、工程项目的造价目标、进度目标、质量目标等。

2. 工程项目外部信息

工程外部信息来自工程建设项目外部环境，如国家有关的政策和法律、国内及国际市场上原材料及设备价格、物价指数、类似工程造价与工程进度、投标单位的实力与信誉、项目毗邻单位情况等。

（三）按建设监理信息的稳定程度划分

1. 固定信息

固定信息是指在一定的时间内相对稳定不变的信息，包括标准信息、计划信息和查询信息。标准信息主要是指各种定额和标准，如施工定额、原材料消耗定额、设备及工具的耗损程度等；计划信息是指反映在计划期内已经确定的各项任务指标情况；查询信息是指在一个较长时间内不发生变更的信息，如国家及有关部门颁发的技术标准、不变价格、监理工作制度等。

2. 流动信息

流动信息是指在不断变化着的信息，如项目实施阶段的质量、造价及进度的统计信息，即反映在某一时刻项目建设的实际进度及计划完成情况。再如，项目实施阶段的原材料消耗量、机械台班数、人工工日数等。

（四）按建设监理信息的层次划分

1. 决策层信息

决策层信息是指有关工程项目建设过程中的战略决策所需要的信息，如项目规模、投资总额、建设总工期、承包单位的选定、合同价的确定等信息。

2. 管理层信息

管理层信息是指提供给建设单位中层领导及部门负责人作短期决策用的信息，如工程建设项目年度施工计划、财务计划、物资供应计划等。

3. 操作层信息

操作层信息是指各业务部门的日常信息，如日进度、安排月支付工程款额等。这类信息较具体，精度较高。

四、建设监理信息的作用

监理行业属于信息产业，监理工程师是信息工作者，他生产的是信息，使用和处理的都是信息，体现监理成果的也是各种信息。建设监理信息对监理工程师开展监理工作，对监理工程师进行决策具有重要的作用。

（一）建设监理信息是监理工程师决策的重要依据

监理工程师在开展监理工作时，要经常进行决策。监理决策正确与否，直接影响着项目建设总目标的实现及监理单位和监理工程师的信誉。要做出正确的决策，主要是依据项目的各种有用知识及有重要影响的要素，即信息。例如，如果业主委托监理单位负责工程项目的施工招标工作，监理工程师要对投标单位进行资格预审，以确定哪些报名参加投标的承包商能适应工程施工的需要。为进行这项工作，监理工程师就必须了解报名参加投标的众多承包商的技术水平、财务实力、施工管理经验、履约能力和信誉等方面的信息。再如，监理工程师对工程质量行使否决权时，就必须熟悉质量标准、质量验收规范等，对有质量问题的工程进行认真细致的调查、分析，还要进行相关的试验和检测，在掌握大量的信息基础上才能进行决策。

（二）建设监理信息是监理工程师实施目标控制的基础

建设工程的进度、质量、投资控制是监理工程师的主要任务，为了进行比较分析和采取措施来进行目标控制，监理工程师先应掌握建设项目三大目标的计划值，它们是控制的依据；然后，监理工程师还应了解三大目标的实际执行情况。只有这两个方面的信息都充分掌握了，才能进行对比分析，实施有效的控制。

（三）建设监理信息是监理工程师进行组织协调的基础

工程项目建设过程中会涉及到众多单位，这些单位或部门都会对工程项目目标的实现带来一定的影响。要使这些单位或部门有机地联系起来为项目建设服务，只能通过信息的媒介作用来协调好各单位的关系，保证建设项目目标的实现。在这个过程中，监理工程师主要通过统计分析提供有关信息来协调有关各方的关系，如储存工程质量鉴定结果，储存设计文件资料记录，提供图纸资料交付情况报告，统计图纸资料按时交付率、合格率等指标，登录设计变更文件、索赔等信息。

（四）建设监理信息是监理工程师进行合同管理的基础

监理工程师的一项很重要的工作就是进行合同管理，这就需要充分地掌握合同信息，熟悉合同内容，掌握合同双方的权利、义务和责任。为了掌握合同双方履行合同的情况，必须在监理工作时收集各种信息。对合同出现的争议，必须在大量的信息基础上做出判断和处理。对合同的索赔，需要审查判断索赔的依据，分清责任，确定索赔数额，这些工作都必须以掌握大量准确的信息为基础。

第二节 建设监理信息管理

一、建设监理信息管理的概念

建设监理信息管理是指在工程项目建设的各个阶段，对所产生的、面向工程项目的监理业务信息进行收集、传输、加工、储存、维护和使用等的信息规划及组织管理活动的总称。建设监理信息管理的目的是通过有效的建设信息规划及其组织管理活动，使参与建设各方能及时、准确地获得有关的建设信息，以便为项目建设全过程或各个建设阶段提供建设项目决策所需要的可靠信息。

二、建设监理信息管理的基本任务

监理工程师作为项目管理者，在监理活动过程中承担着监理信息管理的任务，具体包括：

（一）实施最优控制

控制是建设监理的主要手段。控制的主要任务是把计划执行情况与计划目标进行比较，找出差异、分析差异、排除和预防产生差异的原因，使总体目标得以实现。

为了进行比较分析及采取措施来控制项目投资、质量和进度目标，监理工程师首先应掌握有关项目的三大目标和计划值，还应了解三大目标的执行情况。监理工程师必须充分掌握、分析处理这两方面的信息，以便实施最优控制。

（二）进行合理决策

建设监理决策的正确与否，直接影响着项目建设总目标的实现及监理单位、监理工程师的信誉。监理决策正确与否，取决于各种因素，其中最重要的因素之一就是信息。因此，监理工程师在工程施工招标、施工等各个阶段，都必须充分地收集信息、加工和整理信息，只有这样，才能做出科学的、合理的监理决策。

（三）妥善协调项目建设各有关单位之间的关系

工程项目的建设涉及到众多的单位，如政府部门，承包单位，建设单位，设计单位，材料设备供应单位，外围工程单位，毗邻单位，运输、保险、税收单位等。这些单位都会对项目的实现带来一定的影响。为了与这些单位有机联系，需要加强信息管理，妥善协调各单位之间的关系。

三、建设监理信息管理的内容

（一）建设监理信息的收集

在工程建设过程中，每时每刻都会产生大量的信息。但是，要得到有价值的信息，必须根据需要进行有目的、有组织、有计划的收集，这样才能提高信息的质量，充分发挥信息的作用。

1. 收集监理信息的作用

（1）收集信息是运用信息的前提。各种信息一经产生，就必然会受到传输条件、人们的思想意识及各种利益关系的影响。所以，信息有真假、有用无用之分。监理工程师要取得有用的信息，必须通过各种渠道，采取各种方法收集信息，然后经过加工、筛选，从中选择出对进行决策有用的信息。

（2）收集信息是进行信息处理的基础。信息处理是对已经取得的原始信息进行分类、筛选、分析、加工、评定、编码、存储、检索、传递的全过程。不经收集就没有进行处理的对象，信息收集工作的好坏，直接决定着信息加工处理质量的高低。在一般情况下，如果收集到的信息时效性强、真实度高、价值大、全面系统，再经加工处理质量就更高，反之则低。

2. 收集监理信息的基本原则

（1）要主动及时

监理工程师要取得对工程控制的主动权，就必须积极主动地收集信息，善于及时发现、及时取得、及时加工各类工程信息。只有工作主动，获得信息才会及时，监理工作的特点和监理信息的特点都决定了收集信息要主动及时。监理是一个动态控制的过程，实时信息量大、时效性强、稍纵即逝，建设工程又具有投资大、工期长、项目分散、管理部门多、参与建设的单位多等特点，如果不能及时得到工程中大量发生的、变化极大的数据，不能及时把不同的数据传递于需要相关数据的不同单位、部门，势必影响各部门工作，影响监理工程师作出正确的判断，影响监理的质量。

（2）要全面系统

监理信息贯穿在工程项目建设的各个阶段及全部过程，各类监理信息和每一条信息，都是监理内容的反映或表现。所以，收集监理信息不能挂一漏万，以点代面，把局部当成整体，或者不考虑事物之间的联系，同时，建设工程不是杂乱无章的，而是有着内在的联系。因此，收集信息不仅要注意全面性，而且还要注意系统性和连续性，全面系统就是要求收集到的信息具有完整性，以防决策失误。

（3）要真实可靠

收集信息的目的在于对工程项目进行有效的控制。由于建设工程中人们的经济利益关系，以及建设工程的复杂性，信息在传输中会发生失真现象等主客观原因，难免产生不能真实反映建设工程实际情况的假信息。因此，必须严肃认真地进行收集工作，要将收集到的信息进行严格核实、检测、筛选，去伪存真。

(4) 要重点选择

收集信息要全面系统和完整，不等于不分主次、胡子眉毛一把抓，必须有针对性，坚持重点收集的原则。针对性首先是指有明确的目的性或目标，其次是指有明确的信息源和信息内容，还要做到适用，即所取信息符合监理工程的需要，能够应用并产生好的监理效果。所谓重点选择，就是根据监理工作的实际需要，根据监理的不同层次、不同部门、不同阶段对信息需求的侧重点，从大量的信息中选择使用价值大的主要信息。如业主委托施工阶段监理，则以施工阶段为重点进行收集。

3. 监理信息收集的基本方法

监理工程师主要通过各种方式的记录来收集监理信息，这些记录统称为监理记录，它是与工程项目建设监理相关的各种记录中资料的集合。通常可分为以下几类：

(1) 现场记录

现场监理人员必须每天利用特定的表式或以日志的形式记录工地上所发生的事情。所有记录应始终保存在工地办公室内，供监理工程师及其他监理人员查阅。这类记录每月由专业监理工程师整理成书面资料上报监理工程师办公室。监理人员在现场遇到工程施工中不得不采取紧急措施而对承包商所发出的书面指令，应尽快通报上一级监理组织，以征得其确认或修改指令。

现场记录通常记录以下内容。

①现场监理人员对所监理工程范围内的机械、劳动力的配备和使用情况作详细记录。如承包人现场人员和设备的配备是否同计划所列的一致；工程质量和进度是否因某些资源或某种设备不足而受到影响，受到影响的程度如何；是否缺乏专业施工人员或专业施工设备，承包商有无替代方案；承包商施工机械完好率和使用率是否令人满意；维修车间及设施情况如何，是否存储有足够的备件等。

②记录气候及水文情况。如记录每天的最高、最低气温，降雨和降雪量，风力，河流水位；记录有预报的雨、雪、台风及洪水到来之前对永久性或临时性工程所采取的保护措施；记录气候、水文的变化影响施工及造成损失的细节，如停工时间、救灾的措施和财产的损失等。

③记录承包商每天工作范围，完成的工程数量，以及开始和完成工作的时间，记录出现的技术问题，采取了怎样的措施进行处理，效果如何，能否达到技术规范的要求等。

④对工程施工中每道工序完成后的情况作简单描述，如此工序是否已被认可，对缺陷的补救措施或变更情况等作详细记录。监理人员在现场对隐蔽工程应特别注意记录。

⑤记录现场材料供应和储备情况。如每一批材料的到达时间、来源、数量、质量、存储方式和材料的抽样检查情况等。

⑥对于一些必须在现场进行的试验，应进行记录并分类保存。

(2) 会议记录

由监理人员所主持的会议应由专人记录，并且要形成纪要，由与会者签字确认，这些纪要将成为今后解决问题的重要依据。会议纪要应包括以下内容：会议地点及时间；出席者姓名、职务以及他们所代表的单位；会议中发言者的姓名及主要内容；形成的决议；决议由何人及何时执行等；未解决的问题及其原因。

(3) 计量与支付记录

包括所有计量及付款资料。应清楚地记录哪些工程进行过计量，哪些工程没有进行计量，哪些工程已经进行了支付，已同意或确定的费率和价格变更等。

(4) 试验记录

除正常的试验报告外，试验室应由专人每天以日志形式记录试验室工作情况，包括对承包商的试验监督、数据分析等。记录内容包括：

①工作内容的简单叙述。如做了哪些试验，监督承包商做了哪些试验，结果如何等。

②承包商试验人员配备情况。试验人员配备与承包商计划所列是否一致，数量和素质是否满足工作需要，增减或更换试验人员之建议。

③对承包商试验仪器、设备配备、使用和调动情况的记录，需增加新设备的建议。

④监理试验室与承包商试验室所做同一试验，其结果有无重大差异，原因如何。

(5) 工程照片和录像

以下情况，可辅以工程照片和录像进行记录：

①科学试验。重大试验，如桩的承载试验，板、梁的试验以及科学研究试验等；新工艺、新材料的原型及为新工艺、新材料的采用所做的试验等。

②工程质量。能体现高水平的建筑物的总体或分部，能体现出建筑物的宏伟、精致、美观等特色的部位；工程质量较差的项目，指令承包商返工或需补强的工程的前后对比；体现不同施工阶段的建筑物照片；不合格原材料的现场和清除出现场的照片。

③能证明或反映未来会引起索赔或工程延期的特征照片或录像；能向上级反映即将引起影响工程进展的照片。

④工程试验、试验室操作及设备情况。

⑤隐蔽工程。被覆盖前构造物的基础工程；重要项目钢筋绑扎、管道安装的典型照片；混凝土桩的桩头开花及桩顶混凝土的表面特征情况。

⑥工程事故。工程事故处理现场及处理事故的状况；工程事故及处理和补强工艺，能证实保证了工程质量的照片。

⑦监理工作。重要工序的旁站监督和验收；看现场监理工作实况；参与的工地会议及参与的承包商业务讨论会；班前、工后会议；被承包商采纳的建议，证明确有经济效益及提高了施工质量的实物。

拍照时要采用专门登记本标明序号、拍摄时间、拍摄内容、拍摄人员等。

(二) 监理信息的加工整理

1. 监理信息加工整理的作用和原则

监理信息的加工整理是对收集来的大量原始信息，进行筛选、分类、排序、压缩、分析、比较、计算等的过程。

(1) 信息加工整理的作用。首先，通过加工，将信息分类，使之标准化、系统化。收集来的信息，往往是原始的、零乱的和孤立的，信息资料的形式也可能不同，只有经过加工，使之成为标准的、系统的信息资料，才能进入使用、存储，以及提供检索和传递。其次，经过收集的资料，真实程度、准确程度都比较低，甚至还混有一些错误，经过对它们进行分析、比较、鉴别，乃至计算、校正，使获得的信息准确、真实。另外，原始状态的信息,一般不便于使用和存储、检索、传递,经加工后,可以使信息浓缩,以便于进行以上操作。最后,信息在加工过程中,通过对信息的综合、分解、整理、增补,可以得到更多有价值的新信息。

(2) 信息加工整理的原则。信息加工整理要本着标准化、系统化、准确性、时间性和适用性等原则进行。为了方便信息用户的使用和交换,应当遵守已制定的标准,使来源不同和形态多样的信息标准化。要按监理信息的分类,系统、有序地加工整理,符合信息管理系统的需要。要对收集的监理信息进行校正、剔除,使之准确、真实地反映建设工程状况。要及时处理各种信息,特别是对那些时效性强的信息。要使加工后的监理信息,符合实际监理工作的需要。

2. 监理信息加工整理的成果——各种监理报告

监理工程师对信息进行加工整理,形成各种资料,如各种来往信函、来往文件、各种指令、会议纪要、备忘录或协议和各种工作报告等。监理报告是最主要的加工整理成果,这些报告有以下几种:

(1) 现场监理日报表

现场监理日报表是现场监理人员根据每天的现场记录加工整理而成的报告。主要内容包括:当天的施工内容;当天参加施工的人员(工种、数量、施工单位等);当天施工用的机械名称和数量等;当天发现的施工质量问题;当天的施工进度和计划进度的比较,若发生进度拖延,应说明原因;当天天气综合评语;其他说明及应注意的事项等。

(2) 现场监理工程师周报

现场监理工程师周报是现场监理工程师根据监理日报加工整理而成的报告,每周向项目总监理工程师汇报一周内所有发生的重大事件。

(3) 监理工程师月报

监理工程师月报是集中反映工程实况和监理工作的重要文件。一般由项目总监理工程师组织编写,每月一次上报业主。大型项目的监理月报,往往由各合同段或子项目的总监理工程师代表组织编写,上报总监理工程师审阅后报业主。监理月报一般包括以下内容:

①工程进度。描述工程进度情况,工程形象进度和累计完成的比率。若拖延了计划,应分析其原因以及这种原因是否已经消除,就此问题承包商、监理人员所采取的补救措施等。

②工程质量。用具体的测试数据评价工程质量,如实反映工程质量的好坏,并分析原因。承包商和监理人员对质量较差项目的改进意见,如有责令承包商返工的项目,应说明其规模、原因以及返工后的质量情况。

③计量支付。列示本期支付、累计支付以及必要的分项工程的支付情况,形象地表达支付比例,实际支付与工程进度对照情况等;承包商是否因流动资金短缺而影响了工程进度,并分析造成资金短缺的原因(如是否未及时办理支付等);有无延迟支付、价格调整等问题,说明其原因及由此而产生的费用增加。

④质量事故。质量事故发生的时间、地点、项目、原因、损失估计(经济损失、时间损失、人员伤亡情况)等;事故发生后采取了哪些补救措施;在今后工作中如何避免类似事故发生的有效措施;关于事故的发生,影响了单项或整体工程进度情况。

⑤工程变更。对每次工程变更应说明：引起变更设计的原因，批准机关，变更项目的规模，工程量增减数量，投资增减的估计等；是否因此变更影响了工程进展，承包商是否就此已提出或准备提出延期和索赔。

⑥民事纠纷。说明民事纠纷产生的原因，哪些项目因此被迫停工，停工的时间，造成窝工的机械、人力情况；承包商是否就此已提出或准备提出延期和索赔等。

⑦合同纠纷。合同纠纷情况及产生的原因；监理人员进行调解的措施；监理人员在解决纠纷中的体会；业主或承包商有无要求进一步处理的意向。

⑧监理工作动态。描述本月的主要监理活动，如工地会议、现场重大监理活动、延期和索赔的处理、上级下达的有关工作的进展情况、监理工作中的困难等。

第三节 建设监理信息系统

一、建设监理信息系统的概念

建设监理信息系统是以计算机为手段，以系统的思想为依据，收集、传递、处理、分发、存储建设监理各类数据，产生信息的一个信息系统。

建设监理信息系统在工程项目建设全过程中，为监理工程师提供标准化的、合理的数据来源，提供达到一定要求的、结构化的数据；提供预测、决策所需要的信息以及数学、物理模型；提供编制计划、修改计划、调控计划的必要科学手段及应变程序；保证对随机性问题处理时，为监理工程师提供多个可供选择的方案。

二、建设监理信息系统的作用

1. 规范监理工作行为，提高监理工作标准化水平。监理工作标准化是提高监理工作质量的必由之路，建设监理信息系统通常是按标准监理工作程序建立的，它带来了信息的规范化、标准化，使信息的收集和处理更及时、更完整、更准确、更统一。通过系统的应用，促使监理人员行为更规范。

2. 提高监理工作效率、工作质量和决策水平。建设监理信息系统实现办公自动化，使监理人员从简单繁琐的事务性作业中解脱出来，有更多的时间用在提高监理质量和效益的方面；系统为监理人员提供有关监理工作的各项法律法规、监理案例、监理常识的咨询功能，能自动处理各种信息，快速生成各种文件和报表；系统为监理单位及外部有关单位的各层次收集、传送、存储、处理和分发各类数据和信息，使得下情上报，上情下达，左右信息交流及时、畅通，沟通了与外界的联系渠道。这些都有利于提高监理工作效率、监理质量和监理水平。系统还提供了必要的决策及预测手段，有利于提高监理工程师的决策水平。

3. 便于积累监理工作经验。监理成果通过监理资料反映出来，建设监理信息系统能规范化地存储大量监理信息，便于监理人员随时查看工程信息资料，积累监理经验。

三、建设监理信息系统的一般构成与功能

（一）建设监理信息系统的设计原则

由于工程建设项目的特点及施工的技术经济特点，在对建设监理信息系统进行设计时，应遵循下列基本原则：

1. 科学性原则。系统总体设计除应符合工程建设项目的技术经济规律外，还应灵活地利用相关学科技术方法，以便于开发建设监理信息系统软件，为工程项目建设监理提供有效的服务。

2. 实用性原则。系统总体设计应当以当前工程建设监理单位的实际水平和能力出发，分步骤分阶段加以实施。应力求简单，便于操作，有利于实际推广使用。

3. 数量化与模型相结合的原则。系统总体设计应以数据处理和信息管理为基础，并配以适量的数学模型，包括工程成本、工程进度、工程质量与安全、资源消耗等方面的控制，以及对工程风险、施工效果等方面的评价，以实现数量化与模型化相结合的信息管理系统软件为开发方向，为工程建设项目监理提供计算机辅助的决策支持。

4. 独立性与组合性相结合的原则。系统总体设计应考虑到不同用户的要求，既要保持各子系统的相对独立性，以满足单一功能的推广使用，又要保持相关子系统的联系性，以便组成集成管理系统。

5. 可扩充性与可移植性结合的原则。出于简单，系统总体设计主要是以单位工程监理为对象，开发的信息管理软件应能扩充到由各个单位工程组成的群体工程的监理方面。同时，还能移植到工程项目管理方面，以便为业主的项目管理和承包商的项目管理服务。

（二）建设监理信息系统功能简介

在工程建设过程中，时时刻刻都在产生信息（数据），而且数量是相当大的，需要迅速收集、整理与使用。传统的处理方法是依靠监理工程师的经验，对问题进行分析与处理。面对当今复杂、庞大的工程，传统的方法就显得不足，难免给工程建设带来损失。计算机技术的发展，给信息管理提供了一个高效率的平台，建设监理管理信息系统开发，使信息处理变得快捷。

建设监理信息系统结构示意图见图 8-1。

现对各子系统的功能作一简要叙述。

1. 投资控制子系统。投资控制子系统应包括工程项目投资概算、预算、标底、合同价、结算、决算以及成本控制等。投资控制子系统的功能包括：

（1）工程项目概算、预算、标底的编制和调整；

（2）工程项目概算、预算的对比分析；

（3）标底与概算、预算的对比分析；

（4）合同价与概算、预算、标底的对比分析；

（5）实际投资与概算、预算、合同价的动态比较；

（6）工程项目决算与概算、预算、合同价的对比分析；

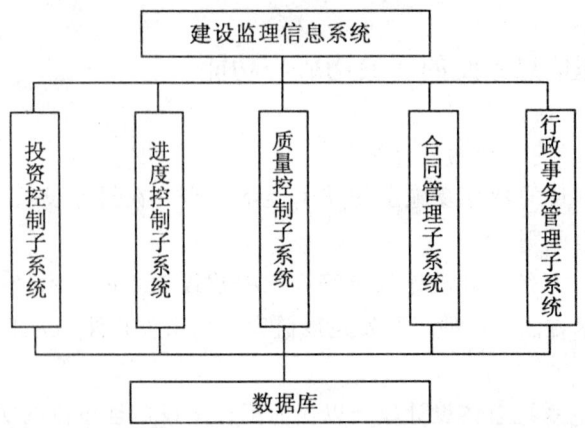

图 8-1 建设监理信息系统结构示意图

(7) 工程项目投资变化趋势预测;
(8) 工程项目投资的各项数据查询;
(9) 提供各项投资报表。

2. 进度控制子系统。进度控制子系统的功能包括:
(1) 网络计划编制与调整;
(2) 工程实际进度的统计分析;
(3) 实际进度与计划进度的动态比较;
(4) 工程进度变化趋势的预测分析;
(5) 工程进度各类数据查询;
(6) 提供各种工程进度报表;
(7) 绘制网络图和横道图。

3. 质量控制子系统。质量控制子系统的功能包括:
(1) 设计质量控制相关文件;
(2) 施工质量控制相关文件;
(3) 材料质量控制相关文件;
(4) 设备质量控制相关文件;
(5) 工程事故的处理资料;
(6) 质量监理活动档案资料。

4. 合同管理子系统。合同管理子系统的功能包括:
(1) 合同结构模式的提供和选用;
(2) 合同文件、资料登录、修改、删除、查询和统计;
(3) 合同执行情况的跟踪、处理过程和管理;
(4) 合同执行情况报表;
(5) 为投资控制、进度控制、质量控制提供有关数据;

(6) 涉外合同的外汇管理折算；

(7) 国家有关法律、法规查询。

5. 行政事务管理子系统。行政事务管理子系统的功能包括：

(1) 公文的编辑、处理；

(2) 文件案卷查询；

(3) 文件排版、打印；

(4) 人事管理数据库；

(5) 有关标准、决定、指示、通告、通知、会议纪要的存档、查询；

(6) 来往信件、前期文件处理。

第四节　建设监理文档资料管理

一、建设监理主要文件档案

建设监理文件是监理单位依据法律、法规及有关技术标准、设计文件、建筑工程承包合同和监理合同，代表建设单位对承包单位在施工全过程中的施工质量、施工工期和工程造价等方面实施监督，并在对工程项目实施监理的过程中逐步形成的各种原始记录。各项目监理机构应形成的监理文件，主要包括：

（一）监理规划

应在签订委托监理合同，收到施工合同、施工组织设计（方案）、设计图纸文件后一个月内，由总监理工程师组织完成该工程项目的监理规划编制工作，经监理公司技术负责人审核批准后，在监理交底会前报送建设单位。

监理规划应具有针对性，对监理实践有指导作用。监理规划应具有时效性，在项目实施过程中，应根据情况的变化做必要的调整、修改，经原审批程序批准后，再次报送建设单位。

（二）监理实施细则

对于技术复杂、专业性强的工程项目应编制监理实施细则，监理实施细则应符合监理规划的要求，并结合专业特点，做到详细、具体，具有可操作性，也要根据实际情况的变化进行修改、补充和完善。

监理实施细则应包括的主要内容：专业工作的特点；监理工作的流程；控制要点及目标值；监理方法及措施等。

（三）监理日记

监理日记由专业工程师和监理员书写，主要内容包括：

1. 当日材料、构配件、设备、人员变化的情况；

2. 当日施工的相关部位、工序的质量、进度情况，材料使用情况，抽检、复检情况；

3. 施工程序执行情况，人员、设备安排情况；

4. 当日监理工程师发现的问题及处理情况；

5. 当日进度执行情况，索赔（工期、费用）情况，安全文明施工情况；

6. 有争议的问题，各方面的相同或不同意见，协调情况；

7. 天气、温度情况，天气、温度对某些工序质量的影响和采取措施与否；

8. 承包单位提出的问题，监理人员的答复等。

（四）监理例会会议纪要

在施工过程中，总监理工程师应定期主持召开工地例会，会议纪要由项目监理部根据会议记录整理，主要内容包括：

1. 会议地点和时间；

2. 会议主持人；

3. 与会人员姓名、单位、职务；

4. 会议的主要内容、议决事项及其落实单位、负责人和时限要求；

5. 其他事项。

会议纪要的内容应准确如实，简明扼要，经总监理工程师审阅，与会各方代表会签，发至合同有关各方，并应有签收手续。

（五）监理月报

监理月报由项目总监理工程师组织编写，由总监理工程师签认，报送建设单位和本监理单位。具体内容包括：

1. 工程概况：本月工程概况，本月施工基本情况；

2. 本月工程形象情况；

3. 工程进度：本月实际完成情况与计划进度比较，对进度完成情况及采取措施效果的分析；

4. 工程质量：本月工程质量分析，本月采取的工程质量措施及效果；

5. 工程计量与支付：工程量审核情况，工程款审批情况及支付情况，工程款支付情况分析，本月采取的措施及效果；

6. 合同其他事项的处理情况：工程变更，工程延期，费用索赔；

7. 本月监理工作总结：对本月进度、质量、工程款支付等方面情况的综合评价，本月监理工作情况，有关本工程的建议和意见，下月监理工作的重点。

（六）监理工作总结

监理工作总结由工程竣工总结、专题总结、月报总结三类组成，三类总结都属于建设单位要长期保存的归档文件，专题总结、月报总结在监理单位属于短期保存的归档文件，工程竣工总结属于要报送城建档案管理部门的监理归档文件。

工程竣工总结的内容包括：

1. 工程概况；

2. 监理组织机构、监理人员和投入的监理设施；

3. 监理合同履行情况；

4. 监理工作成效；

5. 施工过程中出现的问题及其处理情况和建议；

6. 工程照片（有必要时）。

二、建设监理文件档案资料管理

建设监理文件档案资料管理的主要内容包括：监理文件档案资料收、发文与登记；监理文件档案资料传阅；监理文件档案资料分类存放；监理文件档案资料归档、借阅、更改与作废。

（一）监理文件和档案收文与登记

所有收文应在收文登记表上进行登记（按监理信息分类别进行登记）。应记录文件名称、文件摘要信息、文件的发放单位（部门）、文件编号以及收文日期，必要时应注明接收文件的具体时间，最后由项目监理部负责收文人员签字。

监理信息在有追溯性要求的情况下，应注意核查所填部分内容是否可追溯。如材料报审表中是否明确注明该材料所使用的具体部位，以及该材料质保证明的原件保存处等。

如不同类型的监理信息之间存在相互对照或追溯关系时（如监理工程师通知单和监理工程师通知回复单），在分类存放的情况下，应在文件和记录上注明相关信息的编号和存放处。

资料管理人员应检查文件档案资料的各项内容填写和记录是否真实完整，签字认可人员应为符合相关规定的责任人员，并且不得以盖章和打印代替手写签认。文件档案资料以及存储介质质量应符合要求，所有文件档案必须使用符合档案归档要求的碳素墨水填写或打印生成，以适应长时间保存的要求。

有关工程建设照片及声像资料等应注明拍摄日期及所反映的工程建设部位等摘要信息。收文登记后应交给项目总监或由其授权的监理工程师进行处理，重要文件内容应在监理日记中记录。

部分收文如涉及建设单位的工程建设指令或设计单位的技术核定单以及其他重要文件，应将复印件在项目监理部专栏内予以公布。

（二）监理文件档案资料传阅与登记

由建设工程项目监理部总监理工程师或其授权的监理工程师确定文件、记录是否需传阅，如需传阅应确定传阅人员名单和范围，并注明在文件传阅纸上，随同文件和记录进行传阅；也可按文件传阅纸样式刻制方形图章，盖在文件空白处，代替文件传阅纸。每位传阅人员阅后应在文件传阅纸上签名，并注明日期。文件和记录传阅期限不应超过该文件的处理期限。传阅完毕后，文件原件应交还信息管理人员归档。

（三）监理文件档案资料发文与登记

发文由总监理工程师或其授权的监理工程师签名，并加盖项目监理部图章，对盖章工作应进行专项登记。如为紧急处理的文件，应在文件首页标注"急件"字样。

所有发文按监理信息资料分类和编码要求进行分类编码，并在发文登记表上登记。登记内容包括：文件资料的分类编码、发文文件名称、摘要信息、接收文件的单位（部门）名称、发文日期（强调时效性的文件应注明发文的具体时间）。收件人收到文件后应签名。

发文应留有底稿，并附一份文件传阅纸，信息管理人员根据文件签发人指示确定文件责任人和相关传阅人员。文件传阅过程中，每位传阅人员阅后应签名并注明日期。发文的传阅期限不应超过其处理期限。重要文件的发文内容应在监理日记中予以记录。

项目监理部的信息管理人员应及时将发文原件归入相应的资料柜（夹）中，并在目录清单中予以记录。

（四）监理文件档案资料分类存放

监理文件档案经收、发文，登记和传阅工作程序后，必须使用科学的分类方法进行存放。项目监理部应备有存放监理信息的专用资料柜和用于监理信息分类归档存放的专用资料夹。在大中型项目中应采用计算机对监理信息进行辅助管理。

文件和档案资料应保持清晰，不得随意涂改记录，保存过程中应保持记录介质的清洁和不破损。项目建设过程中文件和档案的具体分类原则应根据工程特点制定，监理单位的技术管理部门可以明确本单位文件档案资料管理的框架性原则，以便统一管理并体现出企业的特色。

（五）监理文件档案资料归档

监理文件档案资料归档内容、组卷方法以及监理档案的验收、移交和管理工作，应根据现行《建设工程监理规范》及《建设工程文件归档整理规范》，并参考工程项目所在地区建设工程行政主管部门、建设监理行业主管部门、地方城市建设档案管理部门的规定执行。

监理文件档案资料的归档保存中应严格遵循保存原件为主、复印件为辅和按照一定顺序归档的原则。如在监理实践中出现作废和遗失等情况，应明确地记录作废和遗失原因、处理的过程。

如采用计算机对监理信息进行辅助管理的，当相关的文件和记录经相关责任人员签字确定、正式生效并已存入项目部相关资料夹中时，计算机管理人员应将储存在计算机中的相关文件和记录的文件属性改为"只读"，并将保存的目录记录在书面文件上以便于进行查阅。在项目文件档案资料归档前不得将计算机中保存的有效文件和记录删除。

按照现行《建设工程文件归档整理规范》，监理文件有10大类27个，要求在不同的单位归档保存。需要由建设单位和监理单位分别保存的监理资料见表8-1。

表8-1　　　　　　　　监理文件档案资料归档情况表

监理资料			报送城建档案部门	监理单位保存		建设单位保存		
大类名称		个别名称		长期	短期	永久	长期	短期
01	监理规划	01 监理规划	√		√		√	
		02 监理实施细则	√		√		√	
		03 监理部总控制计划			√		√	
02	监理月报	04 有关质量问题	√	√			√	
03	监理会议纪要	05 有关质量问题	√	√			√	

续表

监理资料		报送城建档案部门	监理单位保存		建设单位保存		
大类名称	个别名称		长期	短期	永久	长期	短期
04 进度控制	06 工程开工/复工审批表	√	√			√	
	07 工程开工/复工暂停令						
05 质量控制	08 不合格项目通知	√	√			√	
	09 质量事故报告及处理意见	√	√			√	
06 造价控制	10 预付款报审与支付						√
	11 月付款报审与支付						√
	12 设计变更、洽商费用报审与签认					√	
	13 工程竣工决算审核意见书	√				√	
07 分包资质	14 分包单位资质材料					√	
	15 供货单位资质材料					√	
	16 试验单位资质材料					√	
08 监理通知	17 有关进度控制的监理通知		√			√	
	18 有关质量控制的监理通知		√			√	
	19 有关造价控制的监理通知		√			√	
09 合同与其他事项管理	20 工程延期报告及审批	√	√		√		
	21 费用索赔报告及审批		√			√	
	22 合同争议、违约报告及处理意见	√	√		√		
	23 合同变更材料	√	√			√	
10 监理工作总结	24 专题总结			√		√	
	25 月报总结			√			
	26 工程竣工总结	√	√			√	
	27 质量评估报告	√	√			√	

(六) 监理文件档案资料借阅、更改与作废

项目监理部存放的文件和档案原则上不得外借，如政府部门、建设单位或施工单位确有需要，应经过总监理工程师或其授权的监理工程师同意，并在信息管理部门办理借阅手续方可借阅。监理人员在项目实施过程中需要借阅文件和档案时，应填写文件借阅单，并明确归还时间。信息管理人员办理有关借阅手续后，应在文件夹的内附目录上作特殊标

记，避免其他监理人员查阅该文件时，因找不到文件引起工作混乱。

监理文件档案的更改应由原制定部门相应责任人执行，涉及审批程序的，由原审批责任人执行。若指定其他责任人进行更改和审批时，新责任人必须获得所依据的背景资料。监理文件档案更改后，由信息管理部门填写监理文件档案更改通知单，并负责发放新版本文件。文件档案换发新版时，应由信息管理部门负责将原版本收回作废。考虑到日后有可能出现追溯需求，信息管理部门可以保存作废文件的样本以备查阅。

小　　结

工程建设监理的主要方法是控制，控制的基础是信息，信息管理是建设监理工作的一个重要内容。及时掌握准确、完整的信息，可以使监理工程师卓有成效地完成监理任务。信息管理工作的好坏，将会直接影响着监理工作的成败。所以，监理工程师应重视信息管理工作，掌握信息管理的方法。

思　考　题

1. 工程建设监理信息有哪些特征？
2. 监理信息是如何分类的？
3. 工程建设监理信息的作用有哪些？
4. 建设监理信息管理的基本任务是什么？
5. 建设监理信息管理包括哪些工作内容？
6. 建设监理信息系统的设计原则是什么？
7. 建设监理主要文件档案有哪些？

参 考 文 献

1. 李清立. 工程建设监理. 北京：北方交通大学出版社，2003
2. 庞永师. 工程建设监理. 广州：广东科技出版社，2000
3. 胡志根，黄建平. 工程项目管理. 武汉：武汉大学出版社，2005
4. 李惠强. 建设工程监理. 北京：中国建筑工业出版社，2003
5. 杨晓林，刘光忱. 建设工程监理. 北京：机械工业出版社，2004
6. 赖一飞，胡小勇，陈文磊. 项目管理概论. 北京：清华大学出版社，2011
7. 石元印，徐晓阳. 土木工程建设监理. 重庆：重庆大学出版社，2001
8. 张向东，周宇. 工程建设监理概论. 北京：机械工业出版社，2005
9. 詹炳根. 工程建设监理. 北京：中国建筑工业出版社，2000
10. 刘景园. 土木工程建设监理. 北京：科学出版社，2005
11. 刘红艳，王利文，姚传勤. 土木工程建设监理. 北京：人民交通出版社，2005
12. 王立信. 建设工程监理工作实务应用指南. 北京：中国建筑工业出版社，2005
13. 肖维品. 建设监理与工程控制. 北京：科学出版社，2001
14. 苏振民. 工程建设监理百问. 北京：中国建筑工业出版社，2001
15. 徐伟、李建伟. 土木工程项目管理. 上海：同济大学出版社，2000
16. 孙占国，杨卫东. 建设工程监理. 北京：中国建筑工业出版社，2005
17. 李清立. 工程建设监理案例分析. 北京：北方交通大学出版社，2006
18. 何夕平. 建设工程监理. 合肥：合肥工业大学出版社，2005
19. 何亚伯. 建筑工程经济与企业管理. 武汉：武汉大学出版社，2005
20. 韩明，邓祥发. 建设工程监理. 天津：天津大学出版社，2004
21. 徐伟，金福安，陈东杰. 建设工程监理规范实施手册. 北京：中国建筑工业出版社，2001
22. 巩天真，张泽平. 建设工程监理概论. 北京：北京大学出版社，2006
23. 韦海民，郑俊耀. 建设工程监理实务. 北京：中国计划出版社，2006
24. 王长永. 工程建设监理概论. 北京：科学出版社，2005
25. 上官子昌，梁世连. 民用建筑工程监理. 大连：东北财经大学出版社，2002
26. 魏汉贤，张国安. 工程建设监理与质量通病防治手册. 北京：中国建材工业出版社，1999
27. 许晓峰等. 工程建设监理手册. 北京：中华工商联合出版社，2000
28. 顾慰慈. 工程监理质量控制. 北京：中国建材工业出版社，2001

29. 吴锡桐．新编建设工程监理实用操作手册．上海：同济大学出版社，2003
30. 熊广忠．工程建设监理实用手册．北京：清华大学出版社，1998
31. 陈虹．工程建设监理实用全书．北京：中国建材工业出版社，1999
32. 邓铁军．土木工程建设监理．武汉：武汉理工大学出版社，2003
33. 关强，弓福．工程监理组织学．哈尔滨：东北林业大学出版社，2005
34. 蒲建明．建设工程监理手册．北京：化学工业出版社，2005
35. 姜早龙，刘志彤．建设工程监理基本理论与相关法规．大连：大连理工大学出版社，2006
36. 袁恩宽．建设工程监理管理与运作实务．成都：四川科学技术出版社，2005

★ 21世纪工程管理学系列教材

- **房地产开发经营管理学**
- 房地产投资与管理
- 建设工程招投标及合同管理
- **工程估价**（第三版）
  （普通高等教育"十一五"国家级规划教材）
- 工程质量管理与系统控制
- **工程建设监理**（第二版）
- **工程造价管理**（第二版）
- 国际工程承包管理
- **现代物业管理**
- 国际工程项目管理
- 工程项目经济评价
- 工程项目审计